计算机技术应用与人工智能研究

张　晶◎著

吉林出版集团股份有限公司

图书在版编目（CIP）数据

计算机技术应用与人工智能研究/张晶著.— 长春:吉林出版集团股份有限公司，2023.8

ISBN 978-7-5731-4143-9

Ⅰ.①计… Ⅱ.①张… Ⅲ.①计算机技术—研究 Ⅳ.①TP3

中国国家版本馆CIP数据核字（2023）第161205号

计算机技术应用与人工智能研究

JISUANJI JISHU YINGYONG YU RENGONG ZHINENG YANJIU

著　　者　张　晶

责任编辑　曲珊珊

封面设计　林　吉

开　　本　787mm×1092mm　　1/16

字　　数　220千

印　　张　14

版　　次　2023年8月第1版

印　　次　2024年1月第1次印刷

出版发行　吉林出版集团股份有限公司

电　　话　总编办：010-63109269

　　　　　发行部：010-63109269

印　　刷　廊坊市广阳区九洲印刷厂

ISBN 978-7-5731-4143-9　　定价：78.00元

前　言

随着我国科学技术的不断发展，计算机技术也在不断地创新和改革，要想促进计算机技术继续发展，就必须不断加大创新力度，对计算机技术不断地进行配置和优化。随着社会的发展，各行各业和计算技术的联系也越来越紧密，计算机技术在未来还有广阔的发展空间，因此，积极研究计算机技术的发展和创新具有重要的现实意义。

在计算机的体系中，是由许多的部件共同构成了计算机，而且任何一个部件不管是在结构上还是功能上都很复杂，但是和其他机械不同的是，计算机的每一个部件都可以独立运行，类似于人类的细胞，有任务时，可以互相合作，共同完成，但是依然还保持着自身的独立性。

随着 AlphaGo 的出现，人工智能得到了空前的关注，特别是在大数据、“互联网 +”等技术驱动之下，已成为推动新一轮产业和科技革新的动力，占据着国家战略制高点的地位。目前，人工智能已列入我国战略性发展学科，并成为当前的热门学科之一。人工智能是一门研究机器智能的学科，即用人工的方法和技术，研制智能机器或智能系统来模仿、延伸和扩展人的智能，实现智能行为。作为一门前沿和交叉学科，它的研究领域十分广泛，涉及机器学习、数据挖掘、计算机视觉、专家系统、自然语言理解、智能检索、模式识别、自动规划和机器人等领域。

本书主要研究计算机技术与人工智能方面的问题，涉及丰富的计算机知识。主要内容包括计算机概述、计算机前沿理论研究、计算机视觉、计算机 、计算机技术的应用、人工智能基础、深度学习、人工智能控制技术等，在内容选取上既兼顾到知识的系统性，又考虑到可接受性。本书旨在向读者介绍计算机与人工智能的基本概念、原理和应用，使读者能系统地理解计算机基础知识，熟练地掌握计算机基本应用技能。

由于作者水平有限，本书难免存在不妥甚至谬误之处，敬请广大学界同仁与读者朋友批评指正。

目　录

第一章　计算机发展及应用

第一节　计算机的发展历史

人类所使用的计算工具是随着生产的发展和社会的进步，从简单到复杂、从低级到高级的发展过程，计算工具相继出现了如算盘、计算尺、手摇机械计算机、电动机械计算机等。1946年，世界上第一台电子数字计算机（ENIAC）在美国诞生。这台计算机共用了18000多个电子管组成，占地170㎡，总重量为303公斤，耗电140kw，运算速度达到每秒能进行5000次加法、300次乘法。从计算机的发展趋势看，大约2010年前美国就可以研制出千万亿次计算机。

电子计算机在短短的50多年里经过了电子管、晶体管、集成电路（IC）和超大规模集成电路（VLSI）四个阶段的发展，体积越来越小，功能越来越强，价格越来越低，应用越来越广泛，目前正朝智能化（第五代）计算机方向发展。

1946年第一台计算机的问世，有人说是由于战争的需要而产生的，我们认为计算机产生的根本动力是人们为创造更多的物质财富，是为了把人的大脑延伸，让人的潜力得到更大的发展。正如汽车的发明是使人的双腿延伸一样，计算机的发明事实上是对人脑智力的继承和延伸。近10年来，计算机的应用日益深入到社会的各个领域，如管理、办公自动化等。由于计算机的日益向智能化发展，于是人们干脆把微型计算机称为“电脑”了。

一、早期计算机的发展阶段

（一）第一代电子管计算机（1945—1956）

在第二次世界大战中，美国政府寻求计算机以开发潜在的战略价值。这促进了计算机的研究与发展。1944年霍华德·艾肯（1900—1973）研制出全电子计算器，为美国海军绘制弹道图。这台简称Mark I的机器有半个足球场大，内含500英里的电线，使用电磁信号来移动机械部件，速度很慢（3~5秒一次计算）并且适应性很差，只用于专门领域，但是，它既可以执行基本算术运算也可以运算复杂的等式。

1946年2月14日，标志现代计算机诞生的ENIAC（The Electronic Numerical Integrator And Computer）在费城公之于世。ENIAC代表了计算机发展史上的里程碑，它通过不同部分之间的重新接线编程，还拥有并行计算能力。ENIAC由美国政府和宾夕法尼亚大学合作开发，使用了18，800个电子管，70，000个电阻器，有五百万个焊接点，耗电160千瓦，其运算速度比Mark I快1000倍，ENIAC是第一台普通用途计算机。

20世纪40年代中期，冯·诺依曼（1903—1957）参加了宾夕法尼亚大学的小组，1945年设计电子离散可变自动计算机EDVAC（Electronic Discrete Variable Automatic Computer），将程序和数据以相同的格式一起储存在存储器中。这使得计算机可以在任意点暂停或继续工作，机器结构的关键部分是中央处理器，它使计算机所有功能通过单一的资源统一起来。

1946年，美国物理学家莫奇利任总设计师，和他的学生爱克特（Eckert）研制成功世界上第一台电子管计算机ENIAC。

第一代计算机的特点是操作指令是为特定任务而编制的，每种机器有各自不同的机器语言，功能受到限制，速度也慢。另一个明显特征是使用真空电子管和磁鼓储存数据。第一台电子管计算机（ENIAC）长50英尺，宽30英尺，占地170平方米，重30吨，有1.88万个电子管，用十进制计算，每秒运算5000次，运作了九年之久。吃电很凶，据传ENIAC每次一开机，整个费城西区的电灯都为之黯然失色。另外，真空管的损耗率相当高，几乎每15分钟就可能烧掉一支真空管，操作人员须花15分钟以上的时间才能找出坏掉的管子，使用上极不方便。

曾有人调侃道："只要那部机器可以连续运转五天，而没有一只真空管烧掉，发明人就要额手称庆了。"

（二）第二代晶体管计算机（1956—1963）

贝尔实验室使用800只晶体管组装了世界上第一台晶体管计算机TRADIC。

1948年7月1日，美国《纽约时报》曾用8个句子的篇幅，简短地公布贝尔实验室发明晶体管的消息。它就像8颗重磅炸弹，在电脑领域引来一场晶体管革命，电子计算机从此大步跨进了第二代的门槛。晶体管的发明，为半导体和微电子产业的发展指明了方向。采用晶体管代替电子管成为第二代计算机的标志。除了科学计算，计算机也开始被用于企业商务。

1947年，贝尔实验室的肖克莱、巴丁、布拉顿发明点触型晶体管；1950年又发明了面结型晶体管。相比电子管，晶体管体积小、重量轻、寿命长、发热少、功耗低，电子线路的结构大大改观，运算速度则大幅度提高。

发明晶体管的肖克莱在加利福尼亚创立了当地第一家半导体公司，这一地区后来被称为硅谷，晶体管的发明大大促进了计算机的发展，晶体管代替了体积庞大的电子管，电子设备的体积不断减小。

1956年，晶体管在计算机中使用，晶体管和磁芯存储器导致了第二代计算机的产生。第二代计算机体积小、速度快、功耗低、性能更稳定。首先使用晶体管技术的是早期的超级计算机，主要用于原子科学的大量数据处理，这些机器价格昂贵，生产数量极少。1960年，出现了一些成功地用在商业领域、大学和政府部门的第二代计算机。

第二代计算机用晶体管代替电子管，还有现代计算机的一些部件：打印机、磁带、磁盘、内存、操作系统等。计算机中存储的程序使得计算机有很好的适应性，可以更有效地用于商业用途。在这一时期出现了更高级的COBOL（Common Business-Oriented Language）和FORTRAN（Formula Translator）等语言，以单词、语句和数学公式代替了二进制机器码，使计算机编程更容易。

（三）第三代集成电路计算机（1964—1971）

虽然晶体管比起电子管是一个明显的进步，但晶体管还是产生大量的热量，这会损害计算机内部的敏感部分。1958 年发明了集成电路（IC），将三种电子元件结合到一片小小的硅片上。科学家使更多的元件集成到单一的半导体芯片上。

于是，计算机变得更小，功耗更低，速度更快。这一时期的发展还包括使用了操作系统，使得计算机在中心程序的控制协调下可以同时运行许多不同的程序。

1964 年，美国 IBM 公司研制成功第一个采用集成电路的通用电子计算机系列 IBM360 系统。

这一时期的典型机器：国外：IBM-360 等；国内：709 等。

这一时期的主要特征是以中、小规模集成电路为电子器件，并且出现操作系统，使计算机的功能越来越强，应用范围越来越广。它们不仅用于科学计算，还用于文字处理、企业管理、自动控制等领域，出现了计算机技术与通信技术相结合的信息管理系统，可用于生产管理、交通管理、情报检索等领域。

（四）第四代大规模集成电路计算机（1971 年至现在）

出现集成电路后，唯一的发展方向是扩大规模。大规模集成电路（LSI）可以在一个芯片上容纳几百个元件。到了 80 年代，超大规模集成电路（VLSI）在芯片上容纳了几十万个元件，后来的 ULSI 将数字扩充到百万级。可以在硬币大小的芯片上容纳如此数量的元件使得计算机的体积和价格不断下降，而功能和可靠性不断增强。

基于“半导体”的发展，到了 1972 年，第一部真正的个人计算机诞生了。所使用的微处理器内包含了 2，300 个“晶体管”，可以一秒内执行 60，000 个指令，体积也缩小很多。而世界各国也随着“半导体”及“晶体管”的发展去打开计算机史上新的一页。

20 世纪 70 年代中期，计算机制造商开始将计算机带给普通消费者，这时的小型机带有软件包，供非专业人员使用的程序和最受欢迎的文字处理和电子表格程序。这一领域的先锋有 Commodore，Radio Shack 和 Apple Computers 等。

1981 年，IBM 推出个人计算机（PC）用于家庭、办公室和学校。80 年代个人计算机的竞争使得价格不断下跌，微机的拥有量不断增加，计算机继续缩小体积，从桌上到膝上到掌上。与 IBMPC 竞争的 Apple Macintosh 系列于 1984 年推出，Macintosh 提供了友好的图形界面，用户可以用鼠标方便地操作。这一时期典型机器：国外：IBM-370 等；国内：银河等。

FAC0MM-382 计算机作为第四代计算机的典型代表——微型计算机应运而生。微型计算机大致经历了四个阶段，如下：

第一阶段是 1971~1973 年，微处理器有 4004、4040、8008。1971 年，Intel 公司研制出 MCS4 微型计算机（CPU 为 4040，四位机）。后来又推出以 8008 为核心的 MCS-8 型。

第二阶段是 1973—1977 年，微型计算机的发展和改进阶段。微处理器有 8080、8085、M6800、Z80。初期产品有 Intel 公司的 MCS-80 型（CPU 为 8080，八位机）。后期有 TRS-80 型（CPU 为 Z80）和 APPLE-II 型（CPU 为 6502），在 80 年代初期曾一度风靡世界。

第三阶段是 1978—1983 年，十六位微型计算机的发展阶段，微处理器有 8086、808880186、80286、M68000、Z80000。微型计算机代表产品是 IBM-PC（CPU 为 8086）。本阶段的顶峰产品是 APPLE 公司的 Macintosh（1984 年）和 IBM 公司的 PC/AT286（1986 年）微型计算机。

第四阶段便是从 1983 年开始为 32 位微型计算机的发展阶段。微处理器相继推出 80386、80486。386、486 微型计算机是初期产品。1993 年，Intel 公司推出了 Pentium 或称 P5（中文译名为“奔腾”）的微处理器，它具有 64 位的内部数据通道。由此可见，微型计算机的性能主要取决于它的核心器件——微处理器（CPU）的性能。

计算机的发明是 20 世纪 40 年代的事情，经过几十年的发展，它已经成为一门复杂的工程技术学科，它的应用从国防、科学计算，到家庭办公、教育娱乐，无所不在。

二、现代计算机阶段

现代计算机阶段，即传统大型机阶段。所谓现代计算机，是指采用先进的电子技术来代替陈旧落后的机械或继电器技术。现代计算机经历了半个多世纪的发展，这一时期的杰出代表人物是英国科学家图灵和美籍匈牙利科学家冯·诺依曼。

图灵对现代计算机的贡献主要是：建立了图灵机的理论模型，发展了可计算性理论；提出了定义机器智能的图灵测试。

冯·诺依曼的贡献主要是：确立了现代计算机的基本结构，即冯·诺依曼结构。其特点可以概括为如下几点：（1）使用单一的处理部件来完成计算、存储以及通信的工作；（2）存储单元是定长的线性组织；（3）存储空间的单元是直接寻址的；（4）使用机器语言，指令通过操作码来完成简单的操作；（5）对计算进行集中的顺序控制。

现代计算机的时代原则主要是依据计算机所采用的电子器件不同来划分的，这就是人们通常所说的电子管、晶体管、集成电路、超大规模集成电路等四代。

1943 年，由 John Brainerd 领导，Eniac 开始研究。而 John Mauchly 及 J.Presper Eckert 负责计划的执行。

1946 年，第一台电子数字积分计算器（ENIAC）在美国建造完成。

1947 年，英国完成了第一个存储真空管。

1948 年，贝尔电话公司研制成半导体。

1949 年，英国建造完成“延迟存储电子自动计算器”。

1952 年，第一台“储存程序计算器”诞生。

1952 年，第一台大型计算机系统 IBM701 宣布建造完成。

1952 年，第一台符号语言翻译机发明成功。

1954 年，第一台半导体计算机由贝尔电话公司研制成功。

1954 年，第一台通用数据处理机 IBM650 诞生。

第一台利用磁心的大型计算机 IBM705 建造完成。

第一台小型科学计算器 IBM620 研制成功。

第三代计算机 IBM360 系列制成。

美国数字设备公司推出第一台小型机 PDP-8。1969 年，IBM 公司研制成功 90 系列卡片机和系统—3 计算机系统。

1970 年，IBM 系统 1370 计算机系列制成。

1971 年，伊利诺伊大学设计完成伊利阿克 IV 巨型计算机。

1971 年，第一台微处理机 4004 由英特尔公司研制成功。

1975 年，ATARI—8800 微电脑问世。

1977 年，柯莫道尔公司宣称全组合微电脑 PET—2001 研制成功。1977 年，TRS-80 微电脑诞生。1977 年，苹果—II 型微电脑诞生。

1979 年，夏普公司宣布制成第一台手提式微电脑。

1984 年，日本计算机产业着手研制“第五代计算机”——具有人工智能的计算机。

第二节　计算机的主要特点及分类

计算机问世之初，主要用于数值计算，“计算机”也因此得名。但随着计算机技术的迅猛发展，它的应用范围迅速扩展到自动控制、信息处理、智能模拟等各个领域，能处理包括数字、文字、表格、图形、图像在内的各种各样的信息。与其他工具和人类自身相比，计算机具有存储性、通用性、高速性、自动性和精确性等特点。

一、计算机的特点

1. 记忆能力强

在计算机中有容量很大的存储装置，它不仅可以长久性地存储大量的文字、图形、图像、声音等信息资料，还可以存储指挥计算机工作的程序。

2. 计算精度高与逻辑判断准确

计算机的可靠性很高，差错率极低，一般来讲，只在那些人工介入的地方才有可能发生错误，由于计算机内部独特的数值表示方法，使得其有效数字的位数相当长，可达百位以上甚至更高，满足了人们对精确计算的需要。

它具有人类无能为力的高精度控制或高速操作任务，也具有可靠的判断能力，以实现计算机工作的自动化，从而保证计算机控制的判断可靠、反应迅速、控制灵敏。

在科学研究和工程设计中，对计算的结果精度有很高的要求。一般的计算工具只能达到几位有效数字（如过去常用的四位数学用表、八位数学用表等），而计算机对数据的结果精度可达到十几位、几十位有效数字，根据需要甚至可达到任意的精度。

3. 高速的处理能力与工作自动化

运算速度是计算机的一个重要性能指标。计算机的运算速度通常用每秒钟执行定点加法的次数或平均每秒钟执行指令的条数来衡量。运算速度快是计算机的一个突出特点。计算机的运算速度已由早期的每秒几千次（如 ENIAC 机每秒钟仅可完成 5000 次定点加法）发展到现在的最高可达每秒几千亿次乃至万亿次。这样的运算速度是何等的惊人！

计算机高速运算的能力极大地提高了工作效率，把人们从浩繁的脑力劳动中解放出来。过去人工旷日持久才能完成的计算，而计算机在“瞬间”即可完成。曾有许多数学问题，由于计算量太大，数学家们终其毕生也无法完成，使用计算机则可轻易地解决。

它具有神奇的运算速度，其速度已达到每秒几十亿次乃至上百亿次。例如，为了将圆周率的近似值计算到 707 位，一位数学家曾为此花十几年的时间，而如果用现代的计算机来计算，可能瞬间就能完成，同时可达到小数点后 200 万位。

计算机内部的操作运算是根据人们预先编制的程序自动控制执行的。只要把包含一连串指令的处理程序输入计算机，计算机便会依次取出指令，逐条执行，完成各种规定的操作，直到得出结果为止。

4. 能自动完成各种操作

计算机是由内部控制和操作的，只要将事先编制好的应用程序输入计算机，计算机就能自动按照程序规定的步骤完成预定的处理任务。

由于计算机的工作方式是将程序和数据先存放在机内，工作时按程序规定的操作，一步一步地自动完成，一般无须人工干预，因而自动化程度高。这一特点是一般计算工具所不具备的。

5.. 存储容量大

计算机的存储器可以存储大量数据，这使计算机具有了“记忆”功能。目前计算机的存储容量越来越大，已高达千兆数量级的容量。计算机的存储性是计算机区别于其他计算工具的重要特征。计算机的存储器可以把原始数据、中间结果、运算指令等存储起来，以备随时调用。存储器不但能够存储大量的信息，而且能够快速准确地存入或取出这些信息。

二、计算机的分类

计算机的分类方法较多，下面介绍常用的分类方法。

（一）按处理的对象划分

计算机按处理的对象划分，可分为模拟计算机、数字计算机和混合计算机。

1. 模拟计算机：指专用于处理连续的电压、温度、速度等模拟数据的计算机。其特点是参与运算的数值由不间断的连续量表示，其运算过程是连续的，由于受元器件质量影响，其计算精度较低，应用范围较窄。模拟计算机目前已很少生产。

2. 数字计算机：指用于处理数字数据的计算机。其特点是数据处理的输入和输出都是数字量，参与运算的数值用非连续的数字量表示，具有逻辑判断等功能。数字计算机是以近似人类大脑的“思维”方式进行工作的，所以又被称为“电脑”。

3. 混合计算机：指模拟技术与数字计算灵活结合的电子计算机，输入和输出既可以是数字数据，也可以是模拟数据。

（二）根据计算机的用途划分

根据计算机的用途不同，可分为通用计算机和专用计算机两种。

1. 通用计算机

通用计算机适用于解决一般问题，其适应性强，应用面广，如科学计算、数据处理和过程控制等，但其运行效率、速度和经济性依据不同的应用对象会受到不同程度的影响。

2. 专用计算机

专用计算机用于解决某一特定方面的问题，配有为解决某一特定问题而专门开发的软件和硬件，应用于如自动化控制、工业仪表、军事等领域。专用计算机针对某类问题能显示出最有效、最快速和最经济的特性，但它的适应性较差，不适用于其他方面的应用。

（三）根据计算机的规模划分

计算机的规模由计算机的一些主要技术指标来衡量，如字长、运算速度、存储容量、外部设备、输入和输出能力、配置软件丰富与否、价格高低等。计算机根据其规模可分为巨型机、小巨型机、大型主机、小型机、微机、图形工作站等。

1. 巨型机

又称超级计算机，一般用于国防尖端技术和现代科学计算等领域。

巨型机是当代速度最快的，容量最大的，体积最大的，造价也是最高的。目前巨型机的运算速度已达每秒几十万亿次，并且这个记录还在不断刷新。巨型机是计算机发展的一个重要方向，研制巨型机也是衡量一个国家经济实力和科学水平的重要标志。

2. 小巨型机

又称小超级计算机或桌上型超级电脑，典型产品有美国 Convex 公司的 C-LC-3、C-3 等和 Alliant 公司的 FX 系列等。

3. 大型主机

大型主机包括通常所说的大、中型计算机，这类计算机具有较高的运算速度和较大的存储容量，一般用于科学计算、数据处理或用作网络服务器，但随着微机与网络的迅速发展，正在被高档微机所取代。

4. 小型机

小型机一般用于工业自动控制、医疗设备中的数据采集等方面。如 DEC 公司的 PD111 系列、VAX-11 系列，HP 公司的 1000、3000 系列等。目前，小型机同样受到高档微机的挑战。

5. 微机

微型计算机简称微机，又叫个人计算机（PC），是目前发展最快、应用最广泛的一种计算机。微机的中央处理器采用微处理芯片，体积小巧轻便。目前微机使用的微处理芯片主要有 Intel 公司的 Pentium 系列、AMD 公司的 Athlon 系列，还有 IBM 公司 PowerPC 等。

6. 图形工作站

图形工作站是以个人计算环境和分布式网络环境为前提的高性能计算机，通常配有高分辨率的大屏幕显示器及容量很大的内存储器和外部存储器，并且具有较强的信息处理功能和高性能的图形、图像处理功能以及联网功能。主要应用在专业的图形处理和影视创作等领域。

三、计算机硬件和软件

集成电路和计算机技术的迅速发展以及计算机应用的不断深化，使计算机系统越来越复杂。但无论系统有多复杂，任何一台计算机系统都是由硬件和软件组成的。

计算机硬件是指有形的物理设备，它是计算机系统中实际物理装置的总称，可以是电子的、电磁的、机电的或光学的元件 / 装置，或者是由它们所组成的计算机部件。主要由输入设备、主机和输出设备组成。

如计算机的机箱、键盘、鼠标器、显示器、打印机、计算机大底板（母板）、各类扩充板卡等都是计算机硬件。

CPU：即中央处理器，是电脑的核心，电脑处理数据的能力和速度主要取决于 CPU。通常用主频评价 CPU 的能力和速度，如 PIII800CPU，表示主频为 800MHz。

主板：也称主机板，是安装在主机机箱内的一块矩形电路板，上面安装有电脑的主要电路系统。主板的类型和档次决定着整个微机系统的类型和档次，主板的性能影响着整个微机系统的性能。主板上安装有控制芯片组 BIOS 芯片和各种输入输出接口、键盘和面板控制开关接口、指示灯插件、扩充插槽及直流电源供电接插件等元件。CPU、内存条插接在主板的相应插槽中，驱动器、电源等硬件连接在主板上。主板上的接口扩充插槽用于插接各种接口卡，这些接口卡扩展了电脑的功能。常见接口卡有显示卡、声卡等。

光盘驱动器：读取光盘信息的设备。是多媒体电脑不可缺少的硬件配置。光盘存储容量大，价格便宜，保存时间长，适宜保存大量的数据，如声音、图像、动画、视频信息、电影等多媒体信息。光盘驱动器主要有三种，CD—ROM、CD—R 和 CD—RW，CD—ROM 是只读光盘驱动器；CD—R 只能写入一次，以后不能改写；CD—RW 是硬盘等。

计算机软件是指在硬件上运行的程序和相关的数据文档。相对于硬件而言，软件用来扩大计算机的功能和提高计算机的效率，是计算机系统中不可缺少的主要组成部分。

软件和硬件是密切相关和互相依存的。没有软件的硬件机器，称为裸机。当代的裸机只有极为有限的功能，甚至不能有效地启动和正常地进行最起码的数据处理工作。

软件与硬件在逻辑上有着某种等价性，即软件功能可以用硬件设法加以实现，硬件功能也可以用软件加以模拟。

四、计算机的应用

计算机的诞生，及其飞速的发展，正在影响着人们的生活。自 1946 年世界上第一台计算机在美国问世至今不过半个多世纪，可现在人们很难设想没有计算机的生活会怎样。

有人会问，如此高性能的计算机与老百姓生活有什么关系呢？从应用的角度看，计算机的应用是潮流，更是财富。以日本和韩国的造船业为例，由于采用先进的计算机技术，这两个国家的造船工人人数从十几万下降到 2 万多，年造船排水量近千万吨，我国有 30 万造船工人，年造船 300 万吨排水量，效率相差数十倍。在当今时代，制造业，拼人力是不行的，一定要靠计算机技术提高产业水平。

在谈到计算机的应用时我们总会提到普及率，这与计算机对社会的影响和贡献有什么必然的联系吗？当然有。简单理解，计算机普及率低说明应用水平落后。计算机在我国的普及率不到 10%，而美国是 50% 以上。

从统计上来说，任何一项技术普及率到 50% 时，才可以说对社会经济生活产生巨大效益。在美国波音公司，飞机从设计到制造，全部是计算机来完成的，整个过程看不到一张图纸，日本的造船也是如此，从船的设计到制造完全是无纸化的。

计算机的外形也不是我们过去熟悉的样子，对我们生活的影响无处不在。未来计算机不仅具有非凡的记忆功能，而且具有判断能力，真正成为人脑的延伸。但目前计算机的功能与人脑相比还相差很远。现代计算机虽然“智商”很高，具有人无法相比的计算速度，但“情商”很低。未来的计算机网络就像今天的电网一样，我们一按开关，信息就流进来。

第三节　计算机的应用领域

计算机是一种高度自动化的信息处理设备，尤其是采用了大规模和超大规模集成电路以后，其运算速度更快，计算精度更高，存储容量更大，逻辑判断能力更强。现代计算机已具有非常高的可靠性，可以长时间连续无故障地工作。它不仅可以用来进行科学计算、信息处理，还广泛用于工业过程控制、计算机辅助设计、计算机通信、人工智能等领域。

一、计算机的应用领域

1. 科学计算

科学计算机室微机最早应用领域，指利用微机来完成科学研究和工程技术中提出的数值计算问题。它可以解决人工无法完成的各种科学计算，如工程设计、地震预测、气象预报、火箭发射等方面问题。

早期的计算机主要用于科学计算，从基础研究到尖端科学，由于采用了计算机，许多人力难以完成的复杂计算迎刃而解。虽然科学计算在整个计算机目前的应用中所占比重逐步下降，据称已不足 10%，但随着科学技术的不断发展，需要解决问题的复杂性、计算量、精度和速度要求的不断提高，科学计算在现代科学研究中的地位仍在不断提高，特别表现在尖端科学技术领域中。例如，人造卫星轨迹的计算、宇宙飞船的研究设计都离不开计算机的精确计算。

2. 过程控制

过程控制指的是在生产过程中用计算机及时采集数据、检测数据，并进行判断、分析，并按最佳值对控制对象进行自动控制、自动调节或故障预报等。这不仅可以大大提高生产的自动化水平，提高生产效率和产品质量，而且可以完成一些特殊环境、特殊要求下的工作。例如，数字化机床、电子仪表，又例如，会计电算化中利用某些指标对企业库存量进行的报警和控制等。

采用计算机进行过程控制，不仅可以大大提高控制的自动化水平，而且可以提高控制的时效性和准确性，从而改善劳动条件、提高产量及合格率。因此，计算机过程控制已在机械、冶金、石油、化工、电力等部门得到广泛的应用。

3. 数据处理

数据处理是指计算机对各种数据进行收集、整理、存储、分类、加工、利用等一系列活动的总称。数据处理是信息管理和辅助决策系统的基础，各类管理信息系统（MIS）、决策支持系统（DSS）、专家系统（ES）以及办公自动化系统（OA）都需要数据处理的支持。自 50 年代中期计算机投入商业应用以来，数据处理已逐渐成为计算机应用最主要的任务。人们熟悉的银行信用卡存取业务、网络信息服务等都要用到数据处理技术。

会计数据处理是计算机数据处理的典型应用，比如，用计算机来完成原来由人工所作的大部分会计核算工作，如设置会计科目、填制记账凭证、登记账簿、编制报表等。另外，还可以用计算机进行工资管理、固定资产管理、成本核算、销售管理、往来账款管理等与会计核算系统相关的工作。由于计算机能够存储和管理大量数据，越来越多的企业利用计算机建立起以财务管理为核心，包括物资、设备、生产、销售、人力等管理在内的管理信息系统。

4. 计算机通信

计算机通信是计算机技术与通信技术相结合而产生的一个应用领域，把计算机利用通信设备和线路连接起来，便形成计算机网络。计算机网络是计算机通信应用领域的典型采集数据、检测数据，并进行判断、分析，并按最佳值对控制对象进行自动控制、自动调节或故障预报等。这不仅可以大大提高生产的自动化水平，提高生产效率和产品质量，而且可以完成一些特殊环境、特殊要求下的工作。例如，数字化机床、电子仪表；又例如，会计电算化中利用某些指标对企业库存量进行的报警和控制等。

5. 多媒体应用

随着电子技术特别是通信和计算机技术的发展，人们已经有能力把文本、音频、视频、动画、图形和图像等各种媒体综合起来，构成一种全新的概念——“多媒体”（Multimedia）。在医疗、教育、商业、银行、保险、行政管理、军事、工业、广播、交流和出版等领域中，多媒体的应用发展很快。

6. 计算机网络

计算机网络是由一些独立的和具备信息交换能力的计算机互联构成，以实现资源共享的系统。计算机在网络方面的应用使人类之间的交流跨越了时间和空间障碍。计算机网络已成为人类建立信息社会的物质基础，它给我们的工作带来极大的方便和快捷，如在全国范围内的银行信用卡的使用、火车和飞机票系统的使用等。可以在全球最大的互联网络——Internet 上进行浏览、检索信息、收发电子邮件、阅读书报、玩网络游戏、选购商品、参与众多问题的讨论、实现远程医疗服务等。

7. 计算机辅助系统

计算机辅助系统是利用计算机帮助人们完成某项任务的系统。常用的计算机辅助系统有计算机辅助设计（CAD）、计算机辅助制造（CAM）、计算机辅助教学（CAI）等。

（1）计算机辅助设计（Computer Aided Design，简称 CAD）

计算机辅助设计是利用计算机系统辅助设计人员进行工程或产品设计，以实现最佳设计效果的一种技术。CAD 技术已应用于飞机设计、船舶设计、建筑设计、机械设计、大规模集成电路设计等。采用计算机辅助设计，可缩短设计时间，提高工作效率，节省人力、物力和财力，更重要的是提高了设计质量。

（2）计算机辅助制造（Computer Aided Manufacturing，CAM）

计算机辅助制造是利用计算机系统进行产品的加工控制过程，输入的信息是零件的工艺路线和工程内容，输出的信息是刀具的运动轨迹。将 CAD 和 CAM 技术集成，可以实现设计产品生产的自动化，这种技术被称为计算机集成制造系统。有些国家已把 CAD 和计算机辅助制造（Computer Aided Manufacturing）、计算机辅助测试（Computer Aided Test）及计算机辅助工程（Computer Aided Engineering）组成一个集成系统，使设计、制造、测试和管理有机地组成为一体，形成高度的自动化系统，因此产生了自动化生产线和“无人工厂”。

（3）计算机辅助教学（Computer Aided Instruction，简称 CAI）

计算机辅助教学是利用计算机系统进行课堂教学。教学课件可以用 Power Point 或 Flash 等制作。CAI 不仅能减轻教师的负担，还能使教学内容生动、形象逼真，能够动态演示实验原理或操作过程，激发学生的学习兴趣，提高教学质量，为培养现代化高质量人才提供了有效方法。

8. 信息管理

信息管理是以数据库管理系统为基础，辅助管理者提高决策水平，改善运营策略的计算机技术。信息处理具体包括数据的采集、存储、加工、分类、排序、检索和发布等一系列工作。信息处理已成为当代计算机的主要任务，是现代化管理的基础。

据统计，80% 以上的计算机主要应用于信息管理，成为计算机应用的主导方向。信息管理已广泛应用于办公自动化、企事业计算机辅助管理与决策、情报检索、图书管理、电影电视动画设计、会计电算化等各行各业。

计算机的应用已渗透到社会的各个领域，正在日益改变着传统的工作、学习和生活的方式，推动着社会的科学计算是计算机最早的应用领域，是指利用计算机来完成科学研究和工程技术中提出的数值计算问题。在现代科学技术工作中，科学计算的任务是大量的和复杂的。

利用计算机的运算速度高、存储容量大和连续运算的能力，可以解决人工无法完成的各种科学计算问题。例如，工程设计、地震预测、气象预报、火箭发射等都需要由计算机承担庞大而复杂的计算量。

9. 翻译

1947 年，美国数学家、工程师沃伦·韦弗与英国物理学家、工程师安德鲁·布思提出了以计算机进行翻译（简称“机译”）的设想，机译从此步入历史舞台，并走过了一条曲折而漫长的发展道路。机译被列为 21 世纪世界十大科技难题。与此同时，机译技术也拥有巨大的应用需求。

机译消除了不同文字和语言间的隔阂，堪称高科技造福人类之举。但机译的译文质量长期以来一直是个问题，离理想目标仍相差甚远。中国数学家、语言学家周海中教授认为，在人类尚未明了大脑是如何进行语言的模糊识别和逻辑判断的情况下，机译要想达到“信、达、雅”的程度是不可能的。这一观点恐怕道出了制约译文质量的瓶颈所在。

第四节　计算机的未来发展趋势

随着信息技术的发展，计算机在我们的日常生活中扮演了越来越重要的角色，有专家预测，今后计算机技术将往高性能、网络化与大众化、智能化与人性化、节能环保型等方向发展。随着时代的发展、科技的进步，计算机已经从尖端行业走向普通行业，从单位走向家庭，从成人走向少年，我们的生活已经不能离开它。

一、互联网与生活

随着 21 世纪信息技术的发展，网络已经成为我们触手可及的东西。网络的迅速发展，给我们带来了很多的方便、快捷，使得我们生活发生了很大的改变，以前的步行逛街已被网络购物所替代，以前的电影院、磁带、光盘已被网络视听所替代。计算机的发展进一步加深了互联网行业的统治地位，现在互联网在人们的心中已经根深蒂固，人们的大部分活动都从互联网开始。

（一）知识的获取多源化

现在是一个动动鼠标就可以获取知识的时代。现在很多事情，大家都会通过网络搜索来解决，这表现了互联网对我们的影响，网络搜索可以让我们在很短的时间内就可以上知天文下知地理。在网络上我们可以随时获取我们想要的知识，让我们可以花费更少的时间获取更多的知识。

网络时代的到来，增加了我们获取知识的渠道，很多时候我们再也不需要拿着沉重的书籍穿梭在茫茫人海中，现在我们只要随身携带一台便携式计算机，在需要的时候，连接到互联网上，所有的信息都可以在几分钟内获取到，这种获取知识的模式使人们的生活方式得到很大的简化。

（二）休闲娱乐多彩化

以前我们的娱乐方式主要有打球、旅游、看书、逛街等。随着计算机在我们生活中越来越普及，我们不再拘泥于以前的传统娱乐方式，现在我们通过互联网足不出户就可以看到最新的电影；在网络上我们还可以结交朋友，向他们倾诉自己的一些烦恼，因为彼此都是虚拟的，所以没有什么压力，可以敞开心扉。

网络的快速发展，其中有一大半的功能都用来休闲娱乐。随着网络的发展，网络视听语言功能越来越受到人们的喜爱，现在可以随意地欣赏自己想听到的歌曲和想看到的电影，这种简单快捷的娱乐方式已经慢慢被人们认可，让我们的生活方式产生了很大的变化。

网络虽然给了我们更多的娱乐方式，但是网络也会让我们变得越来越封闭，真实世界里的关系越来越疏远。其实，网络的出现虽然使得人们在自己的那一方封闭的空间内可以得到缓解，但是却隔断了人与人之间的互相沟通、互相了解。

（三）生活购物便利化

互联网的快速发展催生了一个新的购物模式——电子商务。卖家通过网络展示自己的产品，买家也通过网络查找自己想买的东西，通过网络支付就可以交易，足不出户就能买到自己想要的东西，淘宝、京东商城、当当网，这些都是当下受欢迎的电子商务网站。现在的电子商务越来越多样化，触及到人们生活的各个方面，衣食住行样样都有，网络购物已经成为生活的一部分。

（四）日常交流多样化

网络的发展使通信功能变得更加流行。而网络的流行，使得通信功能家喻户晓。QQ、微信、MSN、E-mail、各类聊天室、博客等成为人们互相沟通的方便快捷的工具。最原始的通信方式是在动物的骨骼上刻字来传达信息，之后人们发明了造纸术，这也成为代替前者的工具，它不仅记载简单，而且携带方便，因而成为当时最流行的通信工具，但它的传播速度是很慢的，而且没有很好的安全性。

目前，随着计算机的普及，互联网成为当下的主流通信方式，网络的出现使得通信模式越发简单化、越发方便化、越发及时。人们可以通过网络，实现全球的通信，只要有网络存在的地方，就可以随时通信，不仅速度快，而且信息的安全性高。网络通信功能在潜移默化地改变着我们的生活规律，改变着我们原有的生活方式，让我们的生活距离越来越近。

二、计算机迅速发展的原因

（一）经常性的、连续性的创造活动的出现

经常连续不断的创造性活动是推动计算机技术快速发展的动力之一。这种创造性活动在本质上是在对大量信息进行处理的现实需求的推动之下的计算机相关的科学理论的不断更新和发展。

1. 信息共享是计算机科学与技术发展的基础

在计算机科学与技术的领域内，信息共享是其进步的基础和关键。在信息共享的基础上，创新活动可以获得最新的技术与资料的支持，这样的技术起点比较高，可以避免浪费，缩短研究周期、提高研究质量。

2. 现实的需求是计算机科学与技术创新的动力

计算机的兴起，很大程度上是由于第二次世界大战对信息处理的迫切需求，

这使得大量的相关的资源和人力可以投入到计算机的研究和开发的过程中，促使了计算机的诞生。而计算机的民用化是由于研究所、政府部门以及大学的实验室对信息处理的需求不断增强，尖端技术领域和工程设计领域对计算机的运算速度和储存容量有着更加高的需求。

在商业计算机领域，比对手抢先一步发布新的计算机产品往往意味着比对手占有更多的市场份额。这样，在利润最大化需求以及竞争压力的驱动下，使得企业不断的加大科研力度，加快新技术的开发与研制，使得计算机技术的发展能够跟上市场的需求。这无疑促进了计算机科学与技术的更新速度。

3. 计算机技术理论的发展促进了技术的进步

从事计算机技术相关研究的科学家在反复的实验中，获得了大量的设计灵感和理念，这些理论往往又会在计算机的产品中得到表现。理论上可行的技术还必须经过实践的检验。甚至有时候试错的过程也会带来意想不到的灵感，从而带来新的计算机设计理念。例如，铝硅触面在集成电路的实际应用中经常出现问题，在试错的过程中，铝硅氧化物被发现，这直接推动了超大规模型集成电路的发展。

同时，新技术的不断发现又会推动更新技术的产生。例如，铝硅肖特基势垒就是在铝硅氧化物触面控制的基础上被攻破的。在试错的过程中，通过对经验的归纳总结，发现了大量的计算机技术，不断地进行着研究、开发、设计和演化。此外，计算机科学的新技术转化为产品之后，会对下一代产品的研发起到促进作用，如计算机辅助设计作为一种计算机技术，它又可以在软件开发和芯片设计中发挥巨大的作用，推动创新的向前发展。

（二）稳定明显和迅速的选择机制

当两个价值相近的技术同时出现而只能选择一个的时候，往往需要很长的一段时间进行相关的论证，而在这段论证的时间内，最后的选择往往受到很多不确定因素的影响。因此，在这个论证的过程中，要充分发挥各种选择机制，尽量做到全方位、多角度进行论证。

微处理器：微处理器的发展很大地提高了计算机的性能，表现在缩小处理器芯片内晶体管的尺寸上，基本方法在于改进光刻技术，即使用短波长的曝光源，然后经过掩膜曝光，把硅片上的晶体管做小，连接晶体管的导线做细，曝光源主要指紫外线。

但有几个限制：（1）条宽接近或小于光的波长时，刻蚀技术会失败；（2）电子行为的限制；（3）量子效应的限制等。

纳米电子：电子元件对计算机技术的发展十分重要，但随着计算机技术的发展，现有的电子元件已不能满足计算机微型化和智能化的要求了，集成度和处理速度成为计算机发展的双重制约。而纳米电子技术解决了这一难题，它代表了一类新型的思维方式，而不仅仅单纯是尺寸的减小。

三、未来计算机的发展趋势

科学在发展，人类在进步，历史上的新生事物都要经过一个从无到有的艰难历程，随着一代又一代科学家们的不断努力，未来的计算机一定会是更加方便人们的工作、学习、生活的好伴侣。未来计算机技术的发展潮流将是超高速、超小型、平行处理、智能化，计算机技术的飞速发展必将对整个社会变革产生推动作用。未来计算机技术前景已经初见端倪，超大型计算机及超小型计算机模式成为业界认同的发展方向，以此为依托的计算机技术的重点发展方向将是超高速、智能化。

中国工程院李国杰院士认为，计算机的性能越来越高，速度越来越快，主要表现在计算机的主频越来越高。目前 PC 机的主频已经达到 4GHz 以上。2008 年 7 月，IBM 为美国核安全管理局（NNSA）一个国家实验室提供的、具有划时代意义的混合超级计算机在日前公布的超级计算机 500 强名录中，以巨大的领先优势荣获全球最强大系统桂冠。

专家还认为，未来计算机将更加智能化与人性化。我们知道，所谓智能，是指计算机处理数据的方式更加接近人脑的思维，能代替人做更多高难度的工作。计算机的智能化主要体现在输入、输出设备的智能化，如正在发展的语音输入、成像输入、指纹识别等技术，都是智能化的体现，这些技术的成熟以及设备的完善，使人们进行信息处理更加便利，与计算机的交流也更加便捷，让人们感觉到，似乎是在和另一个人打交道，而不是和一台机器。

计算机的节能与环保，是人类社会可持续发展提出的要求。人类不可再生资源有限，地球的环境也在被人类改造自然的过程中遭到破坏，因此减少消耗、减少污染，也成为计算机重点研究的课题。例如，如何降低计算机的电耗、如何利用光能而取消电能、如何回收并循环利用“电子垃圾”等都是研制计算机过程中需要考虑的。

（一）DNA 计算机

1994 年 11 月，美国南加州大学的阿德勒曼博士提出一个奇思妙想，即以 DNA 碱基对序列作为信息编码的载体，利用现代分子生物技术，在试管内控制酶的作用下，使 DNA 碱基对序列发生反应，以此实现数据运算。

DNA 计算机的最大优点在于其惊人的存贮容量和运算速度：1 立方厘米的 DNA 存储的信息比 1 万亿张光盘存储的还多；十几个小时的 DNA 计算，就相当于所有电脑问世以来的总运算量。更重要的是，它的能耗非常低，只有电子计算机的一百亿分之一。

（二）光计算机

与传统硅芯片计算机不同，光计算机用光束代替电子进行运算和存储：它以不同波长的光代表不同的数据，以大量的透镜、棱镜和反射镜将数据从一个芯片传送到另一个芯片。研制光计算机的设想早在 20 世纪 50 年代后期就已提出。1986 年，贝尔实验室的戴维·米勒研制出小型光开关，为同实验室的艾伦·黄研制光处理器提供了必要的元件。

1990 年 1 月，黄的实验室开始用光计算机工作。然而，要想研制出光计算机，需要开发出可用一条光束控制另一条光束变化的光学“晶体管”，现有的光学“晶体管”庞大而笨拙，若用它们造成台式计算机将有一辆汽车那么大。因此，要想短期内使光计算机实用化还很困难。

（三）量子计算机

以处于量子状态的原子作为中央处理器和内存，利用原子的量子特性进行信息处理。由于原子具有在同一时间处于两个不同位置的奇妙特性，即处于量子位的原子既可以代表 0 或 1，也能同时代表 0 和 1 以及 0 和 1 之间的中间值，故无论从数据存储还是处理的角度，量子位的能力都是晶体管电子位的两倍。

对此，有人曾经做过这样一个比喻：假设一只老鼠准备绕过一只猫，根据经典物理学理论，它要么从左边过，要么从右边过，而根据量子理论，它却可以同时从猫的左边和右边绕过。

量子计算机与传统计算机在外形上有较大差异：它没有传统计算机的盒式外壳，看起来像是一个被其他物质包围的巨大磁场；它不能利用硬盘实现信息的长期存储，但高效的运算能力使量子计算机具有广阔的应用前景，这使得众多国家和科技实体乐此不疲。

（四）超导计算机

所谓超导，是指有些物质在接近绝对零度（相当于 -269 摄氏度）时，电流流动是无阻力的。1962 年，英国物理学家约瑟夫逊提出了超导隧道效应原理，即由超导体—绝缘体—超导体组成器件，当两端加电压时，电子便会像通过隧道一样无阻挡地从绝缘介质中穿过去，形成微小电流，而这一器件的两端是无电压的。

（五）纳米计算机

科学家发现，当晶体管的尺寸缩小到 0.1 微米（100 纳米）以下时，半导体晶体管赖以工作的基本原理将受到很大限制。研究人员需另辟蹊径，才能突破 0.1 微米界，实现纳米级器件。现代商品化大规模集成电路上元器件的尺寸约在 0.35 微米（350 纳米），而纳米计算机的基本元器件尺寸只有几到几十纳米。

对计算机未来的发展，能概括为三个方面：一是向高的方向，性能越来越高，速度越来越快，主要表现为计算机的主频越来越高；二是向并行处理发展，器件速度通过发明新器件；第三个方向便是深度发展，即向信息的智能化发展，人机界面也将变得更加智能友好。

第五节　计算机教学中应注意的问题

21 世纪是科学技术迅猛发展、计算机普及的信息时代，掌握应用计算机是科学发展和走向未来信息化时代的需要，且已成为当今合格人才的必备素质之一。“21 世纪的人才，必须懂英语，会电脑。”可见，计算机知识的学习已成为学生必不可少的课程组成部分，计算机教育是一项面向未来的现代化教育，是培养学生计算机意识、普及计算机文化、提高科学文化素质的重要途径。计算机技术及其应用的飞速发展，对学生计算机应用能力提出了更高的要求和标准。

一、教学应注意的五点问题

在以往的教学模式中，教师以书本、粉笔和黑板为手段，教师的讲授和课堂灌输为基础，这样的传统模式下，学生处于被动接受知识的地位。缺乏主动的思考、探索能力，缺乏自主性和积极性。计算机教学是一门技能性极强的课程，主要注重实际操作，它的理论性弱，而且计算机知识比较抽象，在教学过程中应充分利用计算机网络技术和多媒体技术，将各种信息，包括文字、图形、图像、动画、声音等，引入计算机基础教学中，彻底改变传统的“粉笔—黑板”的落后教学手段，提供了一个全新的生动形象、图文并茂的教学环境。

首先，在教学过程中，充分利用网络多媒体的教学环境，教师可以生动形象地向学生传播教学信息，激发学生的学习兴趣，增大课堂信息量。对于计算机这门实践性极强的课程，利用网络多媒体的教学手段是十分恰当和必要的。例如，借助于有关多媒体教学软件，给同学们介绍一些计算机的基本知识，这些教学软件，通过图形、声效进行直观、形象地教学，加之优美动听的音响效果，有较强地趣味性。它能把各种信息表现形式如文字、声音、图像、动画等通过计算机进行处理，这种集图像、声音、动画、文字为一体的最佳教学手段，能充分协调地刺激学生的视觉、听觉等器官，使他们对所学的知识能更好地领悟和记忆，且容易被学生理解和接受。

其次，计算机教学更应注重实践，这样对于计算机教学的普及教育和提高学生的学习兴趣是很有效的。中国计算机教育专家谭浩强同志曾经讲述过学习计算机的问题，他说：“计算机对于绝大部分人都在使用，对于它的软件、硬件理论部分，非专业人员可以不必要求。”计算机教学有不同于其他学科的特点，它是一门实践性极强的学科．它比任何一门学科的知识都要更新得快。计算机教学，侧重面应主要在于使用，让学生掌握一些计算机操作的实际技能，这既符合该学科的特点，又适应学生的学习心理要求，从而能得到良好的学习效果。

再次，由于计算机知识更新速度较快，学生要学的东西越来越多，面对有限的学时，教师一定要将本课程中的精髓和要点提取出来制作成多媒体课件传授给学生，并在此基础上，引导学生自学其他的相关内容。此外，为了使计算机基础教育跟上计算机技术的发展步伐，教师还必须对原有知识结构和能力结构加以调整和提高，在广度优先的基础上加大知识的深度。以培养出符合社会需要的高素质的计算机应用人才。在选择多媒体课件内容时，应根据社会信息化对人才的基本要求。调整与更新教学内容，并要处理好教学内容，不断更新与教学过程相对稳定的关系，压缩或去除陈旧的知识，增加或补充先进的知识。由于多媒体网络教学的课堂信息量较大，因此课件应尽量减少纯文字的描述，多增加生动形象的图形、动画信息，通过色彩的变化突出重点、难点内容及通过加入提问启发学生的思维、吸引学生的注意。

还有一点，在教学过程中，应充分激发学生学习新知识的兴趣。传统的教学模式先讲理论，再上机，效果往往不太好。有的知识，同学们由于从未接触过，所以并没有听懂。有的即使听懂了，也因为没有及时上机实践，等到上机实践时也很陌生了。还有，教学要有创意，尤其是新的课程，不要照搬原来的常规教学，要适合本课程的特点。对于学生，他们的感性认识比理性认识接受更快些，那么我们就应采取适合他们学习方法的形式进行教学，这样才能提高学习效率。因为许多操作在课堂上教学是很难达到预期的效果的。这种直观的教学模式，不仅充分激起学生的学习兴趣，缩短了教学时间，又达到了良好的学习效果。以教师为中心的教学模式，课堂上经常呈现出教师讲解、学生被动听的僵化局面，课堂气氛沉闷，学生的学习兴趣普遍不高。依据“学生主体”原则，在教学过程中，采用以教师讲课为主并辅助以学生上台讲课和自己给自己辅导，师生在课堂上共同研究、讨论教学内容。这种教学方法充分调动了学生的学习积极性，使他们主动参与课堂上的教与学，让学生成为课堂真正的主体。

最后，时代的发展正在促使教育改革从传统的以教师传授为中心转向以学生为主体。以学生为主体的教学模式，强调“学”重于“教”。目的在于体现“教育应满足社会发展与人的发展之需求”，体现“顺应市场、服务社会、服务学生”的价值取向。因此，在这种教学模式下，教师在教学中应起组织、引导、答疑的作用，从知识的传授者、教学的组织领导者转变成为学习过程中的咨询者、指导者，充分调动学生学习的能动性，使学生变被动学习为主动学习。教师在教学中应努力提高学生的学习兴趣，注重教学方法，做到因材施教、因人施教。首先，教师应对学生的计算机水平进行了解，做到心中有数，并将学生进行分层，便于教学时灵活应对。其次，教师应有较为全面的教学准备，针对不同层次的学生，提出不同的教学要求。评价检测等都应体现出不同的层次，这样每一个学生都能在一定层次里看到自己的成绩。最后，在教学过程中应采取分层教学法，为学生划分不同层次，给不同层次的学生不同的学习目标，做到因材施教、全面发展。

二、教学实践应注意的问题

从市场状况看，培训机构的表现能力令人惊诧，一方面说明了培训机构在运作上比较成功，另一方面也表明了市场对高等学校计算机教育显得信心不足。在培训机构取得成功与高校计算机教育公信度受损的背后，实践教学的质量成为了主导这一非正常现象的主要因素。

1. 加强实践教学的必要性

培训机构能取得成功，很大程度上取决于他们即学即用的特性，他们能让一个学生在短时间内学会最实用的技术，能够服务于企业和社会。而学校更重视理论教学，在进入企业之前，他们仍然需要岗前培训，才能胜任自己的职位。在我国，出现了一方面行业宣称计算机人才缺口巨大，一方面计算机学生宣称就业压力大，就业困难的怪现状。因此，加强实践教学对于提高高校计算机教学总体水平是非常必要的。

2. 计算机实践教学存在的问题

计算机教学一般都采用理论结合实践的原则，因此实践教学在高校计算机教育中是列入了体系的。但是实践教学不尽如人意的教学效果却屡屡被社会所验证，笔者认为，这一现状形成的原因表现在以下几个方面：

实践教学重视不够。学校教育因为其教学的传统性，一直把课堂教育、讲台教育放在比较正统的位置，而把实践教学当作辅助教学的手段。由于实践教学在绝大多数的情况下，是为了验证理论教学的内容而开设的，因此课堂教学为主，实践教学为辅这一贯性思维就顺理成章地进入了教育者与被教育者的思想。使得教师和学生同时对实践教学产生重视不够的现象。因此，一些在理论课中安分守己的“好学生”，在实践课中迟到早退现象屡见不鲜。

实践教学内容不科学。由于对实践教学缺乏重视，因此很少有学校能够拿出一套科学的实践教学内容体系。加上计算机学科的发展相当迅速，理论教学在进行知识更新的时候，实践教学往往跟不上节奏。因此，在实践教学进行过程中，部分教师对实践内容的安排相当随意，所布置的实践内容往往没有经过验证。而学生在上机实践的时候更提不起积极性，更谈不上去接触新技术和新软件。

实践教学设备落后。由于技术发展迅速，计算机设备成为单位淘汰最快的固定资产，而申请报废一个实验室再到新建一个实验室所需的周期则特别长，整个设备的报建过程长达一到两年，这个周期甚至比某些计算机流行技术的活跃周期更长。

软件设备的投入相对于硬件则更加不乐观，如果说硬件设备的主要问题是设备更新速度慢，设备相对需求滞后。这些问题都直接地干扰了实践教学的质量，部分学生在实践进行到关键时刻，因为机器或软件原因，造成实践无法继续，严重地挫伤了学生的实验热情。另外在部分实践里，由于机器奇慢无比的反应，间接降低了实践教学的教学质量。

实践教学考核标准不过硬。各项专业一般都有统一的考核标准，通过理论或实践考核就可以获得一定的学分，获得足够的学分就可以毕业。虽然大多数课程都只进行理论考核，但部分课程也分为理论考核和实践考核，有少部分实践性强的课程甚至只有实践考核。但实践考核因为设备、经验等问题，考核标准不过硬，考试质量不过关。

3. 怎样加强计算机实践教学

根据以上情况，笔者认为，改变职校教育中对实践教学的导向，提高对老师和学生对实践教学的积极性和重视程度，健全和规范实践教学的内容与考核标准，增加设备的投入是提高实践性教学的根本途径。

提高学生的积极性。提高学生的积极性应该从两个方面出发，第一从提高学生对实践教学的兴趣，第二则是以更加严格的标准要求学生，让学生提高对实践的重视程度。首先，实践教学本来就应该是一个比理论教学更有趣味的内容，如果教师和学生都能积极重视，那么挖掘出学生对实践的兴趣就相对比较容易。其次，建立实践教学严格的考核标准，实践考核环节分批次完成，把工作做到细处。

健全和规范教学内容。由于一般的教材中不配备实践大纲和实践指导书，教师往往需要自己花费大量的时间去制订实践大纲，而这一部分工作量又很容易被忽视。课堂教学中能使用合理的教学内容，运用合理的实例，提高教学质量。

增加设备投入。第一，应该对设备的淘汰和更新进行有预见性的提前申报；第二，可以将更多的申报集中在部件的升级上，而无须整批更换，从而节省经费。

而对于小部件的更换和升级由于涉及的金额较小，也无须经过过于复杂的审批过程，节省产品更新换代的时间。

总之，加强实践性教学在计算机教育中非常重要，搞好计算机实践教学将有力促进教学内容和教育体系的改革，有力地推动教学方式和手段的现代化，并将在一定程度上改变传统的教育与教学模式，实现学习主体化、多元化。为培养21世纪应用型人才奠定基础。

三、应注意的心理问题

作为一门培养中职生动手能力和信息素养的计算机课程，是否有必要在教学中渗透心理健康教育，怎样渗透心理健康教育，这是中职计算机教学中又一新的课题。

研究和调查表明，在学习计算机过程中，学生表现出的心理健康问题日趋严峻。其中以人际关系敏感，行为异常，心理承受障碍、自卑，不能正确接受自我等问题为最突出，有的学生还表现出抑郁、焦虑、厌学等现象。学校的计算机教学，应树立“与心理健康教育并行”的指导思想，重视在课堂中对学生的心理健康教育的渗透。

在中职计算机教学中，我们要大胆开放计算机教学内容，选择适合中职生身心特点和学习兴趣，能满足他们的现实需要，有广泛的使用价值的教学内容。要尽可能扩大选择范围，适当增加一些选修内容，将计算机知识更多地与学生生活实际联系，拓宽学生的知识面，更好地培养他们的信息素养。如在教学电子邮件的知识时，可以涉及登录BBS论坛、使用搜索引擎等内容，鼓励学生进行信息交流，从而促进学生正常的感情交流，培养沟通、交往能力，形成和谐的人际关系。现在的中职生大部分是中考的失利者，或者是初中不怎么被老师看好的学生，他们往往缺乏自信，时常否定自我，而且他们也正处在从不成熟到成熟的莽撞时期，年轻气盛，往往比较容易冲动、浮躁，自我控制力差。当他们一时没完成操作任务或没有得到老师、同学的肯定时，情绪很容易发生波动。

在教学“文字编辑排版”内容时，我将全班同学分成几组，每一组做一个组内成员自我介绍的电子板报。制作过程中，要求学生讨论、实践，并不断尝试。为了激发学生的学习、创新兴趣，我将组与组之间的电子报进行评比，并展示获奖作品。在这种竞赛中，如果失败组的同学不能正视自己的失败，垂头丧气，不从自身找原因，反而瞧不起获胜方，那么下次类似的比赛，学生的参与度会下降，参与的士气也会降低。面对这样的问题，教师在指导他们完成任务时，更该教给他们一些心理调控方法，不断调整自己的心态。要学会冷静思考，当遇到困难或挫折时，首先要冷静，控制好自己的情绪，然后思考，“这些我们真的不会吗?我们是不是可以先试一试，再研究研究，问问同学，相互讨论讨论，再试一试。”只要细心认真，并敢于尝试，是完全可以完成操作的。操作完成后要总结经验教训，找出方法，这才是真正的学习。还可以用转移自慰法，告诉他们，当碰到不顺心的事时，先调整自己关注的对象，多想想让自己高兴、愉快的事，以此增强自我的调节能力。

对学生进行评价和反馈，可以使学生不断进取、不断完善，可以帮助学生认识自我，树立学习计算机的自信心。一部分学生，因为经受过挫败，自暴自弃、怨天尤人，看不到自己的优点、进步和潜力，常常表现为缺乏自信心。教师要十分明确地告诉他：“你这次操作很棒，你是一个坚强而又有毅力的孩子，老师相信你通过一段时间的努力，一定能赶上其他同学。老师有信心帮你获得成功。”

对学习困难的学生要积极地进行纵向评价，将学生的今天与昨天比，以比出进步，将学生的今天与明天比，以比出继续进步的动力。在评价过程中，教师应把学生的进步和需要，继续努力的要求及时反馈给学生，使学生认识到自己的优点与希望，始终处于有方向、有动力的心理环境中，进而产生学习好计算机的自信心。

将心理健康教育与课堂教学进行有效整合，绝非一日之功，要游刃有余地两者兼顾，亦非易事。这需要我们把握计算机教学与中职生心理健康教育的相互关系，创造良好的教学环境，积极渗透心理健康内容，从而让学生不仅学好计算机知识，而且能在学习中培养健康的情操、高尚的人格和良好的社会适应能力。

第二章　计算机前沿理论研究

第一节　计算机理论中的毕达哥拉斯主义

现代计算机理论源于古希腊毕达哥拉斯主义和柏拉图主义，是毕达哥拉斯数学自然观的产物。计算机结构体现了数学助发现原则。现代计算机模型体现了形式化、抽象性原则。自动机的数学、逻辑理论都是寻求计算机背后的数学核心顽强努力的结果。

现代计算机理论不仅包含计算机的逻辑设计，还包含后来的自动机理论的总体构想与模型（自动机是一种理想的计算模型，即一种理论计算机，通常它不是指一台实际运作的计算机,但是按照自动机模型,可以制造出实际运作的计算机）。现代计算机理论是高度数字化、逻辑化的。如果探究现代计算机理论思想的哲学方法论源泉，我们可以发现，它是源于古希腊毕达哥拉斯主义和柏拉图主义的，是毕达哥拉斯数学自然观的产物，下面我将对此做些探讨。

一、毕达哥拉斯主义的特点

毕达哥拉斯主义是由毕达哥拉斯学派所创导的数学自然观的代名词。数学自然观的基本理念是“数乃万物之本原”。具体地说，毕达哥拉斯主义者认为：“‘数学和谐性’是关于宇宙基本结构的知识的本质核心，在我们周围自然界那种富有意义的秩序中，必须从自然规律的数学核心中寻找它的根源。换句话说，在探索自然定律的过程中，‘数学和谐性’是有力的启发性原则。”

毕达哥拉斯主义的内核是唯有通过数和形才能把握宇宙的本性。毕达哥拉斯的弟子菲洛劳斯说过：“一切可能知道的事物，都具有数，因为没有数而想象或了解任何事物是不可能的。”毕达哥拉斯学派把适合于现象的抽象的数学上的关系，当作事物何以如此的解释，即从自然现象中抽取现象之间和谐的数学关系。“数学和谐性”假说具有重要的方法论意义和价值。因此，“如果和谐的宇宙是由数构成的，那么自然的和谐就是数的和谐，自然的秩序就是数的秩序”。

这种观念令后世科学家不懈地去发现自然现象背后的数量秩序，不仅对自然规律做出定性描述，还做出定量描述，取得了一次次重大的成功。

柏拉图发展了毕达哥拉斯主义的数学自然观。在《蒂迈欧篇》中，柏拉图描述了由几何和谐组成的宇宙图景，他试图表明，科学理论只有建立在数量的几何框架上，才能揭示瞬息万变的现象背后永恒的结构和关系。柏拉图认为自然哲学的首要任务，在于探索隐藏在自然现象背后的可以用数和形来表征的自然规律。

二、现代计算机结构是数学启发性原则的产物

1945 年，题为《关于离散变量自动电子计算机的草案》（EDVAC）的报告具体地介绍了制造电子计算机和程序设计的新思想。1946 年 7、8 月间，冯·诺伊曼和赫尔曼·戈德斯汀、亚瑟·勃克斯在 EDVAC 方案的基础上，为普林斯顿大学高级研究所研制 IAS 计算机时，又提出了一个更加完善的设计报告——《电子计算机逻辑设计初探》。以上两份既有理论又有具体设计的文件，首次在世界上掀起了一股“计算机热潮”，它们的综合设计思想标志着现代电子计算机时代的真正开始。

这两份报告确定了现代电子计算机的范式由以下几部分构成：（1）运算器；（2）控制器；（3）存储器；（4）输入；（5）输出。就计算机逻辑设计上的贡献，第一台计算机 ENIAC 研究小组组织者戈德斯汀曾这样写道：“就我所知，冯·诺伊曼是第一个把计算机的本质理解为是行使逻辑功能，而电路只是辅助设施的人。他不仅是这样理解的，而且详细精确地研究了这两个方面的作用以及相互的影响。”

计算机逻辑结构的提出与冯·诺伊曼把数学和谐性、逻辑简单性看作是一种重要的启发原则是分不开的。在 20 世纪三四十年代，申农的信息工程、图灵的理想计算机理论、匈牙利物理学家奥特维对人脑的研究以及麦卡洛克 - 皮茨的论文《神经活动中思想内在性的逻辑演算》引发了冯·诺伊曼对信息处理理论的兴

趣，他关于计算机的逻辑设计的思想深受麦卡洛克和皮茨的启发。

1943 年麦卡洛克 - 皮茨《神经活动中思想内在性的逻辑演算》一文发表后，他们把数学规则应用于大脑信息过程的研究给冯・诺伊曼留下了深刻的印象。该论文用麦卡洛克在早期对精神粒子研究中发展出来的公理规则，以及皮茨从卡尔纳普的逻辑演算和罗素、怀特海《数学原理》发展出来的逻辑框架，表征了神经网络的一种简单的逻辑演算方法。他们的工作使冯・诺伊曼看到了将人脑信息过程数学定律化的潜在可能。“当麦卡洛克和皮茨继续发展他们的思想时，冯・诺伊曼开始沿着自己的方向独立研究，使他们的思想成为其自动机逻辑理论的基础”。

在《控制与信息严格理论》（*Rigorous Theories of Control and Information*）一文的开头部分，冯・诺伊曼讨论了麦卡洛克 - 皮茨《神经活动中思想内在性的逻辑演算》以及图灵在通用计算机上的工作，认为这些想象的机器都是与形式逻辑共存的，也就是说，自动机所能做的都可以用逻辑语言来描述，反之，所有能用逻辑语言严格描述的也可以由自动机来做。他认为麦卡洛克 - 皮茨是用一种简单的数学逻辑模型来讨论人的神经系统，而不是局限于神经元真实的生物与化学性质的复杂性。相反，神经元被当作一个“黑箱”，只研究它们输入、输出讯号的数学规则以及神经元网络结合起来进行运算、学习、存储信息、执行其他信息的过程任务。冯・诺伊曼认为，麦卡洛克 - 皮茨运用了数学中公理化方法，是对理想细胞而不是真实细胞做出研究，前者比后者更简洁，理想细胞具有真实细胞的最本质特征。

在冯・诺伊曼 1945 年有关 EDVAC 机的设计方案中，所描述的存储程序计算机便是由麦卡洛克和皮茨设想的“神经元”（neurons）所构成，而不是从真空管、继电器或机械开关等常规元件开始。受麦卡洛克和皮茨理想化神经元逻辑设计的启发，冯・诺伊曼设计了一种理想化的开关延迟元件。这种理想化计算元件的使用有以下两个作用：（1）它能使设计者把计算机的逻辑设计与电路设计分开。在 ENIAC 的设计中，设计者们也提出过逻辑设计的规则，但是这些规则与电路设计规则相互联系、相互纠结。有了这种理想化的计算元件，设计者就能把计算机的纯逻辑要求（如存储和真值函项的要求）与技术状况（材料和元件的物理局限等）所提出的要求区分开来考虑。（2）理想化计算元件的使用也为自动机理论的建立奠定了基础。理想化元件的设计可以借助数理逻辑的严密手段来实现，能够抽象化、理想化。

冯·诺伊曼的朋友兼合作者乌拉姆也曾这样描述他："冯·诺伊曼是不同的。他也有几种十分独特的技巧，很少有人能具有多于2、3种的技巧。其中包括线性算子的符号操作。他也有一种对逻辑结构和新数学理论的构架、组合超结构的，捉摸不定的'普遍意义下'的感觉。在很久以后，当他变得对自动机的可能性理论感兴趣时，当他着手研究电子计算机的概念和结构时，这些东西被派了用处。"

三、自动机模型中体现的抽象化原则

现代自动机模型也体现了毕达哥拉斯主义的抽象性原则。在《自动机理论：构造、自繁殖、齐一性》（*The Theory of Automata*：*construction*，*Reproduction*，*Homogenenity*，1952—1953）这部著作中，计算机研究者们提出了对自动机的总体设想与模型，一共设想了五种自动机模型：动力模型（kinematic model）、元胞模型（cellular model）、兴奋—阈值—疲劳模型（excitation-threshhold-fatigue）、连续模型（continuous model）和概率模型（probabilistic model）。为了后面的分析，我们先简要地介绍这五个模型。

第一个模型是动力模型。动力模型处理运动、接触、定位、融合、切割、几何动力问题，但不考虑力和能量。动力模型最基本的成分是：储存信息的逻辑（开关）元素与记忆（延迟）元素、提供结构稳定性的梁（girder）、感知环境中物体的感觉元素、使物体运动的动力元素、连接和切割元素。这类自动机有八个组成部分：刺激器官、共生器官、抑制器官、刺激生产者、刚性成员、融合器官、切割器官、肌肉。其中四个部分用来完成逻辑与信息处理过程：刺激器官接受并传输刺激，它分开接受刺激，即实现"p或q"的真值；共生器官实现"p和q"的真值；抑制器官实现"p和q"的真值；刺激生产者提供刺激源。刚性成员为建构自动机提供刚性框架，它们不传递刺激，可以与同类成员相连接，也可以与非刚性成员相连接，这些连接由融合器官来完成。当这些器官被刺激时，融合器官把它们连接在一起，这些连接可以被切割器官切断。第八个部分是肌肉，用来产生动力。

第二个模型是元胞模型。在该模型中，空间被分解为一个个元胞，每个元胞包含同样的有限自动机。冯·诺伊曼把这些空间称为"晶体规则"（crystalline regularity）、“晶体媒介”（crystalline medium）、“颗粒结构”（granular structure）以及“元胞结构”（cellular structure）。对于自繁殖（self-reproduction）的元胞结构形式，冯·诺伊曼选择了正方形的元胞无限排列形式。每个元胞拥有29态有限自动机。每个元胞直接与它的四个相邻元胞以延迟一个单位时间交流信息，它们的活动由转换规则来描述（或控制）。29态包含16个传输态（transmission state）、4个合流态（confluent state）、1个非兴奋态、8个感知态。

第三个模型是兴奋—阈值—疲劳模型，它建立在元胞模型的基础上。元胞模型的每个元胞拥有29态，冯·诺伊曼模拟神经元胞拥有疲劳和阈值机制来构造29态自动机，因为疲劳在神经元胞的运作中起了重要的作用。兴奋—阈值—疲劳模型比元胞模型更接近真正的神经系统。一个理想的兴奋—阈值—疲劳神经元胞有指定的开始期及不应期。不应期分为两个部分：绝对不应期和相对不应期。如果一个神经元胞不是疲劳的，当激活输入值等于或超过其临界点时，它将变得兴奋。当神经元胞兴奋时，将发生两种状况：（1）在一定的延迟后发出输出信号，不应期开始，神经元胞在绝对不应期内不能变得兴奋；（2）当且仅当激活输入数等于或超过临界点，神经元胞在相对不应期内可以变得兴奋。当兴奋—阈值—疲劳神经元胞变得兴奋时，必须记住不应期的时间长度，用这个信息去阻止输入刺激对自身的平常影响。于是这类神经元胞并用开关、延迟输出、内在记忆以及反馈信号来控制输入讯号，这样的装置实际上就是一台有限自动机。

第四个模型是连续模型。连续模型以离散系统开始，以连续系统继续，先发展自增殖的元胞模型，然后划归为兴奋—阈值—疲劳模型，最后用非线性偏微分方程来描述它。自繁殖的自动机的设计与这些偏微分方程的边际条件相对应。他的连续模型与元胞模型的区别就像模拟计算机与数字计算机的区别一样，模拟计算机是连续系统，而数字计算机是离散系统。

第五个模型是概率模型。研究者们认为自动机在各种态（state）上的转换是概率的而不是决定的。在转换过程有产生错误的概率，发生变异，机器运算的精确性将降低。《概率逻辑与从不可靠元件到可靠组织的综合》一文探讨了概率自动机，探讨了在自动机合成中逻辑错误所起的作用。“对待错误，不是把它当作额外的、由于误导而产生的事故，而是把它当作思考过程中的一个基本部分，在合成计算机中，它的重要性与对正确的逻辑结构的思考一样重要”。

从以上自动机理论中可以看出，冯·诺伊曼对自动机的研究是从逻辑和统计数学的角度切入，而非心理学和生理学。他既关注自动机构造问题，也关注逻辑问题，始终把心理学、生理学与现代逻辑学相结合，注重理论的形式化与抽象化。《自动机理论：建造、自繁殖、齐一性》开头第一句话就这样写道："自动机的形式化研究是逻辑学、信息论以及心理学研究的课题。单独从以上某个领域来看都不是完整的。所以要形成正确的自动机理论必须从以上三个学科领域吸收其思想观念。"他对自然自动机和人工自动机运行的研究，都为自动机理论的形式化、抽象化部分提供了经验素材。

冯·诺伊曼在提出动力学模型后，对这个模型并不满意，因为该模型仍然是以具体的原材料的吸收为前提，这使得详细阐明元件的组装规则、自动机与环境之间的相互作用以及机器运动的很多精确的简单规则变得非常困难，这让冯·诺伊曼感到，该模型没有把过程的逻辑形式和过程的物质结构很好地区分开来。作为一个数学家，冯·诺伊曼想要的是完全形式化的抽象理论，他与著名的数学家乌拉姆探讨了这些问题，乌拉姆建议他从元胞的角度来考虑。冯·诺伊曼接受了乌拉姆的建议，于是建立了元胞自动机模型。该模型既简单抽象，又可以进行数学分析，很符合冯·诺伊曼的意愿。

冯·诺伊曼是第一个把注意力从研究计算机、自动机的机械制造转移到逻辑形式上的计算机专家，他用数学和逻辑的方法揭示了生命的本质方面——自繁殖机制。在元胞自动机理论中，他还研究了自繁殖的逻辑，并天才地预见到，自繁殖自动机的逻辑结构在活细胞中也存在，这都体现了毕达哥拉斯主义的数学理性。冯·诺伊曼最先把图灵通用计算机概念扩展到自繁殖自动机，他的元胞自动机模型，把活的有机体设想为自繁殖网络并第一次提出为其建立数学模型，也体现了毕达哥拉斯主义通过数和形来把握事物特征的思想。

四、自动机背后的数学和谐性追求

自动机的研究工作基于古老的毕达哥拉斯主义的信念——追求数学和谐性。冯·诺伊曼在早期的计算机逻辑和程序设计的工作中，就认识到数理逻辑将在新的自动机理论中起着非常重要的作用，即自动机需要恰当的数学理论。他在研究自动机理论时，注意到了数理逻辑与自动机之间的联系。从上面关于自动机理论的介绍中可以看出，他的第一个自增殖模型是离散的，后来又提出了一个连续模型和概率模型。从自动机背后的数学理论中可以看出，讨论重点是从离散数学逐渐转移到连续数学，在讨论了数理逻辑之后，转而讨论了概率逻辑，这都体现了研究者对自动机背后数学和谐性的追求。

在冯·诺伊曼撰写关于自动机理论时，他对数理逻辑与自动机的紧密关系已非常了解。库尔特·哥德尔通过表明逻辑的最基本的概念（如合式公式、公理、推理规则、证明）在本质上是递归的，他把数理逻辑还原为计算理论，认为递归函数是能在图灵机上进行计算的函数，所以可以从自动机的角度来看待数理逻辑。反过来，数理逻辑亦可用于自动机的分析和综合。自动机的逻辑结构能用理想的开关-延迟元件来表示，然后翻译成逻辑符号。不过，冯·诺伊曼感觉到，自动机的数学与逻辑的数学在形式特点上是有所不同的。他认为现存的数理逻辑虽然有用，但对于自动机理论来说是不够的。他相信一种新的自动机逻辑理论将兴起，它与概率理论、热力学和信息理论非常类似并有着紧密的联系。

20 世纪 40 年代晚期，冯·诺伊曼在美国加州帕赛迪纳的海克森研讨班上做了一系列演讲，演讲的题目是《自动机的一般逻辑理论》，这些演讲对自动机数学逻辑理论做了探讨。在 1948 年 9 月的专题研讨会上，冯·诺伊曼在宣读《自动机的一般逻辑理论》时说道："请大家原谅我出现在这里，因为我对这次会议的大部分领域来说是外行。甚至在有些经验的领域——自动机的逻辑与结构领域，我的关注也只是在一个方面，数学方面。我将要说的也只限于此。我或许可以给你们一些关于这些问题的数学方法。"

冯·诺伊曼认为，在目前还没有真正拥有自动机理论，即恰当的数理逻辑理论，他对自动机的数学与现存的逻辑学做了比较，并提出了自动机新逻辑理论的特点，指出了缺乏恰当数学理论所造成的后果。

（一）自动机数学中使用分析数学方法，而形式逻辑是组合的

自动机数学中使用分析数学方法有方法论上的优点，而形式逻辑是组合的。"搞形式逻辑的人谁都会确认，从技术上讲，形式逻辑是数学上最难驾驭的部分之一。其原因在于，它处理严格的全有或全无概念，它与实数或复数的连续性概念没有什么联系，即与数学分析没有什么联系。而从技术上讲，分析是数学最成功、最精致的部分。因此，形式逻辑由于它的研究方法与数学的最成功部分的方法不同，因而只能成为数学领域的最难的部分，只能是组合的"。

冯·诺伊曼指出，比起过去和现在的形式逻辑（指数理逻辑）来，自动机数学的全有或全无性质很弱。它们组合性极少，分析性却较多。事实上，有大量迹象可使我们相信，这种新的形式逻辑系统（按：包含非经典逻辑的意味）接近于别的学科，这个学科过去与逻辑少有联系。也就是说，具有玻尔兹曼所提出的那种形式的热力学，它在某些方面非常接近于控制和测试信息的理论物理学部分，多半是分析的，而不是组合的。

（二）自动机逻辑理论是概率的，而数理逻辑是确定性的

冯·诺伊曼认为，在自动机理论中，有一个必须要解决好的主要问题，就是如何处理自动机出现故障的概率的问题，该问题是不能用通常的逻辑方法解决的，因为数理逻辑只能进行理想化的开关 - 延迟元件的确定性运算，而没有处理自动机故障的概率的逻辑。因此，在对自动机进行逻辑设计时，仅用数理逻辑是不够的，还必须使用概率逻辑，把概率逻辑作为自动机运算的重要部分。冯·诺伊曼还认为，在研究自动机的功能上，必须注意形式逻辑以前从没有出现的状况。既然自动机逻辑中包含故障出现的概率，那么我们就应该考虑运算量的大小。数理逻辑通常考虑的是，是不是能借助自动机在有限步骤内完成运算，而不考虑运算量有多大。但是，从自动机出现故障的实际情况来看，运算步骤越多，出故障（或错误）的概率就越大。因此，在计算机的实际应用中，我们必须要关注计算量的大小。在冯·诺伊曼看来，计算量的理论和计算出错的可能性既涉及连续数学，又涉及离散数学。

“就整个现代逻辑而言，唯一重要的是一个结果是否在有限几个基本步骤内得到。而另一方面形式逻辑不关心这些步骤有多少。无论步骤数是大还是小，它不可能在有限的时间内完成，或在我们知道的星球宇宙设定的时间内不能完成，也没什么影响。在处理自动机时，这个状况必须做有意义的修改”。

就一台自动机而言，不仅在有限步骤内要达到特定的结果，而且还要知道这样的步骤需要多少步，这有两个原因：第一，自动机被制造是为了在某些提前安排的区间里达到某些结果；第二，每个单独运算中，采用的元件的大小都有失败的可能性，而不是零概率。在比较长的运算链中，个体失败的概率加起来可以（如果不检测）达到一个单位量级——在这个量级点上它得到的结果完全不可靠。这里涉及的概率水平十分低，而且在一般技术经验领域内排除它也并不是遥不可及。

如果一台高速计算机处理一类运算，必须完成 1012 单个运算，那么可以接受的单个运算错误的概率必须小于 10~12。如果每个单个运算的失败概率是 10~8 量级，当前认为是可接受的，如果是 10~9 就非常好。高速计算机器要求的可靠性更高，但实际可达到的可靠性与上面提及的最低要求相差甚远。

也就是说，自动机的逻辑在两个方面与现有的形式逻辑系统不同：

（1）“推理链”的实际长度，也就是说，要考虑运算的链。

（2）逻辑运算（三段论、合取、析取、否定等在自动机的术语里分别是门［gating］、共存、反—共存、中断等行为）必须被看作是容纳低概率错误（功能障碍）而不是零概率错误的过程。

所有这些，重新强调了前面所指的结论：我们需要一个详细的、高度数字化的、更典型、更具有分析性的自动机与信息理论。缺乏自动机逻辑理论是一个限制我们的重要因素。如果我们没有先进而且恰当的自动机和信息理论，我们就不可能建造出比我们现在熟知的自动机具有更高复杂性的机器，就不太可能产生更具有精确性的自动机。

以上是冯·诺伊曼对现代自动机理论数学、逻辑理论方法的探讨。他用数学和逻辑形式的方法揭示了自动机最本质的方面，为计算机科学特别是自动机理论奠定了数学、逻辑基础。总之，冯·诺伊曼对自动机数学的分析开始于数理逻辑，并逐渐转向分析数学，转向概率论，最后讨论了热力学。通过这种分析建立的自动机理论，能使我们把握复杂自动机的特征，特别是人的神经系统的特征。数学推理是由人的神经系统实施的，而数学推理借以进行的“初始”语言类似于自动机的初始语言。因此，自动机理论将影响逻辑和数学的基本概念，这是很有可能的。冯·诺伊曼说：“我希望，对神经系统所作的更深入的数学研讨……将会影响我们对数学自身各个方面的理解。事实上，它将会改变我们对数学和逻辑学的固有的看法。”

现代计算机的逻辑结构以及自动机理论中对数学、逻辑的种种探讨，都是寻求计算机背后的数学核心的顽强努力。数学助发现原则以及逻辑简单性、形式化、抽象化原则都在计算机研究中得到了充分的应用，这都体现了毕达哥拉斯主义数学自然观的影响。

第二节 计算机软件应用理论

随着时代的进步、科技的革新，我国在计算机领域已经取得了很大的成就，计算机网络技术的应用给人类社会的发展带来了巨大的革新，加速了现代化社会的构建速度。本节就“关于计算机软件的应用理论探讨”这一话题展开了一个深刻的探讨，详细阐述了计算机软件的应用理论，以此来强化我国计算机领域的技术人员对计算机软件工程项目创新与完善工作的重视程度，使得我国计算机领域可以正确对待关于计算机软件的应用理论研究探讨工作，从根本上掌握计算机软件的应用理论，进而增强他们对计算机软件应用理论的掌握程度，研究出新的计算机软件技术。

一、计算机软件工程

当今世界是一个趋于信息化发展的时代，计算机网络技术的不断进步在很大程度上影响着人类的生活。计算机在未来的发展中将会更加趋于智能化发展，智能化社会的构建将会给人们带来很多新的体验。而计算机软件工程作为计算机技术中比较重要的一个环节，肩负着重大的技术革新使命，目前，计算机软件工程技术已经在我国的诸多领域中得到了应用，并发挥了巨大的作用，该技术工程的社会效益和经济效益的不断提高将会从根本上促进我国总体的经济发展水平的提升。总的来说，我国之所以要开展计算机软件工程管理项目，其根本原因在于给计算机软件工程的发展提供一个更为坚固的保障。计算机软件工程的管理工作同社会上的其他项目管理工作具有较大的差别，一般的项目工程的管理工作的执行对管理人员的专业技术要求并不高，难度也处于中等水平。但计算机软件工程项目的管理工作对项目管理的相关工作人员的职业素养要求十分高，管理人员必须具备较强的计算机软件技术，能够在软件管理工作中完成一些难度较大的工作，进而维护计算机软件工程项目的正常运行。为了能够更好地帮助管理人员学习计算机软件相关知识，企业应当为管理人员开设相应的计算机软件应用理论课程，从而使其可以全方位地了解到计算机软件的相关知识。计算机软件应用理论是计算机的一个学科分系，其主要是为了帮助人们更好地了解计算机软件的产生以及用途，从而方便人们对于计算机软件的使用。在计算机软件应用理论中，计算机软件被分为两类，其一为系统软件，其二则为应用软件。系统软件顾名思义是系统以及与系统相关的插件以及驱动等所组成的。例如，在我们生活中所常用的Windows7、Windows8、Windows10以及Linux系统、Unix系统等均属于系统软件的范畴，此外我们在手机中所使用的塞班系统、Android系统以及iOS系统等也属于系统软件，甚至华为公司所研发的鸿蒙系统也是系统软件之一。在系统软件中不但包含诸多的电脑系统、手机系统，同时还具有一些插件。例如，我们常听说的某某系统的汉化包、扩展包等也属于系统软件的范畴。同时，一些电脑中以及手机中所使用的驱动程序也是系统软件之一。例如，电脑中用于显示的显卡驱动、用于发声的声卡驱动和用于连接以太网、WiFi的网卡驱动等。而应用软件则可以理解为是除了系统软件所剩下的软件。

二、计算机软件开发现状分析

虽然，随着信息化时代的到来，我国涌现出了许多与计算机软件工程相应的专业性人才，然而目前我国的计算机软件开发仍具有许多问题。例如，缺乏需求分析、没有较好的可行性分析等。下面，将对计算机软件开发现状进行详细分析。

（一）没有确切明白用户需求

在计算机软件开发过程中最为严重的问题就是没有确切的明白用户的需求。在进行计算机软件的编译过程中，我们所采用的方式一般都是面向对象进行编程，从字面意思中我们可以明确地了解到用户的需求将对软件所开发的功能起到决定性的作用。同时，在进行软件开发前，我们也需要针对软件的功能等进行需求分析文档的建立。在这其中，我们需要考虑到本款软件是否需要开发，以及在开发软件的过程中我们需要制作怎样的功能，而这一切都取决于用户的需求。只有可以满足用户的一切需求的软件才是真正意义上的优质软件。而若是没有确切地明白用户的需求就进行盲目开发，那么在对软件的功能进行设计时将会出现一定的重复、不合理等现象。同时经过精心制作的软件也由于没有满足用户的需求而不会得到大众的认可。因此，在进行软件设计时，确切地明白用户的需求是十分必要的。

（二）缺乏核心技术

在现阶段的软件开发过程中还存在有缺乏核心技术的现象。与西方一些发达国家以及美国等相比，我国的计算机领域研究开展较晚，一些核心技术也较为落后。并且，我国的大部分编程人员所使用的编程软件的源代码也都是西方国家以及美国所有。甚至开发人员的环境都是在美国微软公司所研发的 Windows 系统以及芬兰人所共享的 Linux 系统中所进行的。因此，我国的软件开发过程存在着极为严重的缺乏核心技术的问题。这不但会导致我国所开发出的一些软件在质量上与国外的软件存在着一定的差异，同时也会使得我国所研发的软件缺少一定的创新性，这也是我国所研发的软件时常会出现更新以及修复补丁的现象的原因所在。

（三）没有合理地制定软件开发进度与预算

我国的软件开发现状还存在没有合理地制定软件开发进度与预算的问题。在上文中，我们曾提到在进行软件设计、开发前，我们首先需要做好相应的需求分析文档。在做好需求分析文档的同时，我们还需要制作相应的可行性分析文档。在可行性分析文档中，我们需要详细地规划出软件设计所需的时间以及预算，并制定相应的软件开发进度。在制作完成可行性分析文档后，软件开发的相关人员需要严格地按照文档中的规划进行开发，否则将会对用户的使用以及国家研发资金的投入造成严重的影响。

（四）没有良好的软件开发团队

在我国的计算机软件开发现状中还存在没有良好的软件开发团队的问题。在进行软件开发时，需要详细地设计计算机软件的前端、后台以及数据库等相关方面。并且在进行前端的设计过程中也需要划分美工的设计、排版的设计以及内容和与数据库连接的设计。在后台中同时也需要区分为数据库连接、前端连接以及各类功能算法的实现和各类事件响应的生成。因此，在软件的开发过程中拥有一个良好的软件研发团队是极为必要的。这不但可以有效地帮助软件开发人员减少软件开发的所需时间，同时也可以有效地提高软件的质量，使其更加符合用户的需求。而我国的软件开发现状中就存在没有良好的软件开发团队的问题。这个问题主要是由于在我国的软件开发团队中，许多技术人员缺乏高端软件的开发经验，同时许多技术人员都具有相同的擅长之处。这都是造成这一问题的主要原因。技术人员缺乏一定的创新性也是造成我国缺少良好的软件开发团队的主要原因之一。

（五）没有重视产品调试与宣传

在我国的软件开发现状中还存在没有重视产品的调试与宣传的问题。在上文中，曾提到过在进行软件开发工作前，我们首先需要制作可行性分析文档以及需求分析文档。在完成相应的软件开发后，我们同样需要完成软件测试文档的制作，并在文档中详细地记录在软件调试环节所使用的软件测试方法以及进行测试功能与结果。在软件测试中所使用的方式大致有白盒测试以及黑盒测试，通过这两种测试方式，我们可以详细地了解到软件中的各项功能是否可以正常运行。此外，在完成软件测试文档后，我们还需要对所开发的软件进行宣传，从而使得软件可以被众人所了解，从而充分地发挥出本软件的作用。而在我国的软件开发现状中，许多的软件开发者只注重了软件开发的过程而忽略了软件开发的测试阶段以及宣传阶段。这将会导致软件出现一定的功能性问题，例如，一些功能由于逻辑错误等无法正常使用，或是其他的一些问题。而忽略了宣传阶段，则会导致软件无法被大众所了解、使用，这将会导致软件开发失去了其目的，从而造成科研资源以及人力资源的浪费。

三、计算机软件开发技术的应用研究

我国计算机软件开发技术主要体现在 Internet 的应用和网络通信的应用两方面。互联网技术的不断成熟，使得我国通信技术已经打破了时间空间的限制，实现了现代化信息共享单位服务平台，互联网技术的迅速发展密切了世界各国之间的联系，使得我国同其他国家直接的联系变得更加密切，加速了构建“地球村”的现代化步伐。与此同时，网络通信技术的发展也离不开计算机软件技术，计算机软件技术的不断深入发展给通信领域带来了巨大的革新，将通信领域中的信息设备引入计算机软件开发的工程作业中可以促进信息化时代数字化单位发展，从根本上加速我国整体行业领域的发展速度。相信不久之后，我国的计算机软件技术将会发展得越来越好，并逐渐向网络化、智能化、融合化方向所靠拢。

就上文所述，可以看到当下我国计算机技术已经取得了突破性的进展，在这种社会背景之下，计算机软件的种类在不断增加，多样化的计算机软件可以满足人类社会生活中的各种生活需求，使得人类社会生活能够不断趋于现代化社会发展。为了能够从根本上满足我国计算机软件工程发展中的需求，给计算机软件工程的进一步发展提供有效发展空间，当下我国必须加大对计算机软件工程项目的重视，鼓励从事计算机软件工程项目研究的技术人员不断完善自身对计算机软件的应用理论知识的掌握程度，在其内部制定出有效的管理体制，进而从根本上提高计算机软件工程项目运行的质量水平，为计算机技术领域的发展做铺垫。

第三节　计算机辅助教学理论

计算机辅助教学有利于教育改革和创新，有力地促进了我国教育事业的发展。本节主要分析了计算机辅助教学的概念、计算机辅助教学的实践内容、计算机辅助教学对于实际教学的影响，希望对今后研究计算机辅助教学有一定的借鉴和影响。

计算机辅助教学的概念从狭义的角度来理解，就是在课堂上老师利用计算机的教学软件来对课堂内容进行设计，而学生通过老师设计的软件内容对相关的知识进行学习。也可以理解为计算机辅助或者取代老师对学生们进行知识的传授以及相关知识的训练。同时也可以定义计算机辅助教学是利用教学软件把课堂上讲解的内容和计算机进行结合，把相关的内容用编程的方式输入计算机，这样一来，学生在对相关的知识内容进行学习的时候，可以采用和计算机互动的方式来进行学习。老师利用计算机丰富了教学方式，为学生创造了一个更加丰富的教学氛围，在这种氛围下，学生可以通过计算机间接地和老师进行交流。我们可以理解为，计算机辅助教学是用演示的方式来进行教学，但是演示并不是计算机辅助教学的全部特点。

一、计算机辅助教学的实践内容

（一）计算机辅助教学的具体方式

在我们国家，一般学校主要采用的一种课堂教学形式就是老师面对学生进行教学，这种教学形式已经存在了很多年，它有它存在的价值和意义。因为在老师教育学生的过程中，老师和学生的交流是非常重要的，学生和学生之间的互相学习也必不可少，这种人与人之间情感上的影响和互动是计算机无法取代的，所以计算机只能成为一个辅助的角色来为这种教学形式进行服务。计算机辅助教学是可以帮助课堂教学提升教学质量的，但是计算机辅助教学不一定要仅仅体现在课堂上。我们都知道老师给学生传授知识的过程分为：学生预习，老师备课，课堂传授知识。在这个过程中，计算机辅助教学完全可以针对单个环节来进行服务和帮助，例如，在老师进行备课的这个环节，计算机完全可以提供一些专门的备课软件以及系统，虽然这种备课软件服务的是老师，但是它可以有效地提升老师备课的效率和质量，使得老师可以更好地来组织授课的内容，这其实也是从另外一个角度来对学生进行服务，因为老师的备课效率提高，最终收益的还是学生。再比如说，计算机针对学生预习和自习这个环节来进行服务和帮助，可以把老师的一些想法和考虑与计算机的相关教学软件结合起来，使得学生在利用计算机进行自习和预习的时候也得到了老师的教育。这样一来就使得学生的自习和预习的效率和质量可以得到很大的提高。

（二）无软件计算机辅助教学

利用计算进行辅助教学是需要一些专门的教学软件的，但是一些学校因为资金缺乏或者其他方面的原因，课堂上的教学软件没有得到足够的支持，一些内容没有得到及时的更新和优化。这就使得一些学校出现了利用计算机系统常用软件来进行计算机辅助教学的情况。例如，一些学校利用 office 的 word 软件作为学生写作练习的辅助工具，学生利用 word 系统来进行写作练习，可以极大地提升写作的效率和质量，可以使学生在课堂上有更多的时间来听老师的讲解，并且在学生写作的过程中，可以更加容易保持写作的专注度，使得写作的思路更加顺畅，在提升学生思维能力的同时，也提升了学生的打字能力，促进了学生综合能力的提高。这种计算机辅助教学的形式也是很多学校在实践的过程中会用到的。

（三）计算机和学生进行互动教学

这种计算机辅助教学的方式就是利用计算机和学生的互动来进行辅助教学，这种辅助教学方式把网络作为基础，利用相关的教学软件来具体地辅助教学过程。针对不同学生和老师的具体需求，采用个性化的教学软件来进行服务以及配合，体现出计算机与学生进行互动的能力。另外，网络远程教学特别适合现今一些想学习的成人，因为成人具备一定的知识选择能力以及自我控制能力，这种人机互动的计算机辅助教学方式特别适合他们。这种人机互动的教学模式是未来教育发展的一个主要方向，它可以使得更多对知识有需要的人们更容易、更方便地参与到学习中来。当然这种形式还需要长期的实践来作为经验基础。但是笔者认为，计算机辅助教学毕竟不是教学的全部，它只是起到一个辅助的作用，我们应该把计算机辅助教学放在一个合理的位置上去看待它，计算机的辅助还是应该适度的。

二、计算机辅助教学对于实际教学的影响

（一）对于教学内容的影响

在实际的教学中，教学内容主要承担着知识传递的部分，学生主要通过教学内容来获得知识，提升自身的能力，以及学习相关的技能。计算机辅助教学的应用使得教学内容发生了一些形式上和结构上的改变，并且计算机已经成为老师和学生都必须熟练掌握的一种现代化工具。

（二）形式上的改变

以往的教学内容表现形式主要是用文字来进行表述，并且还会有些配合文字出现的简单的图形和表格，无法用声音和图像来对教学内容进行详细的表达。后来，教学内容的表现形式开始出现录像和录音的形式，这种表现形式也过于单一，无法满足学生的实际需求。现在通过计算机辅助教学，可以在文本以及图画、动画、视频、音频等各个方面来表现教学内容，把要表达和传递的知识和信息表现得更加具体和丰富。一些原本很难理解的文字性概念和定理，现在通过计算机来进行立体式的表达，更加清晰，使得学生更加容易去理解。同时这种计算机辅助

教学对教学内容进行表达的方式可以极大地提升信息传递的效率，把教学内容用多种方式表达出来，满足不同学生的个性化需求。

（三）对于教学组织形式的影响

1. 结构上的改变

以往的教学组织形式都是采用班级教学的形式来进行，班级教学的形式主要是老师对学生进行知识的传授，在这个教学组织形式里，老师是作为主体的，因为教学的内容和流程都由老师来进行设计和制定，在整个过程中，学生都处于一个非常被动的位置，现代的教育理念都是以学生为主体的，这种传统的教学组织形式已经不符合当今教育发展的要求，并且无法满足不同特点学生的个性化学习需求。而计算机辅助教学则会给这种教学组织形式带来根本性的改变，在整个教学组织形式中，老师将不再成为主体，学生的个性化需求也将得到满足。这种计算机辅助教学帮助下的教学组织形式可以有效地避免时间和空间的限制，利用网络来使得教学形式更加开放，使得以往的教学组织形式变得更加分散、个体化以及社会化。对知识的学习将不再仅限于课堂上，老师所教授的学生也不仅限于一个教室的学生。学生学习知识的时候可以利用网络得到无限的资源，老师在进行知识传授的时候可以利用计算机网络得到无限的空间，并且在时间上也更加自由，不再固定在某个时间段进行学习或者授课。

2. 对于教学方法的影响

教学方法是老师对学生进行教学时非常重要的一个部分，每个老师在进行教学的时候都需要一套教学方法。以往的教学方法都是老师在课堂上对学生进行知识的传授，而现今的教学方法是老师引导学生进行学习。这种引导式的教学方法可以有效地提升学生的思维能力，并且能够让学生的学习积极性更加强烈。通过计算机辅助教学和引导式教学相结合，使得引导式教学更加高效。例如，利用计算机来对教学内容进行演示，给学生提供视觉上和听觉上更加直观的表达方式，使得学生对于教学内容的理解更加透彻。并且利用计算机辅助教学可以有效地加强学生和老师之间的交流以及学生和学生之间的交流，并且交流的内容不仅限于文字，还可以发送图片或者视频等内容，非常有利于培养学生的交流合作能力。另外，计算机辅助教学还可以把学生学习的重点引向知识点之间的逻辑关系，不再只是学习单个的知识点，这样更有助于学生锻炼自身的思维能力，引导学生建立适合自身的学习风格和方式，培养学生的综合能力。

计算机辅助教学对促进我国教育起到了很大的作用，但是相对于发达国家来说，我们还有很大的差距和不足，我们应该努力开发和研究，不断完善这一教学方式，不断探索新的教学方法。同时，计算机辅助教学要更好地与课堂实际教学相结合，更好地促进我们国家的教育改革和发展。

第四节　计算机智能化图像的识别技术理论

由于我国社会经济发展，科技也在持续进步，大家开始运用互联网，计算机的应用愈加广泛，图像识别技术也一直在进步。这对我国计算机领域而言是个很大的突破，还推动了其他领域的发展。所以，本节分析了计算机智能化图像识别技术的理论突破及应用前景等，期待帮助该领域的可持续发展。

现在大家的生活质量不断提升，越来越多的人开始应用计算机。生产变革对计算机也有新要求，特别是图像识别技术。智能化是现在各行各业都为此发展的方向，也是整个社会的发展趋势。但是图像技术的发展时间不长，现在只用于简单的图像问题，没有与时俱进。所以，计算机智能化图像识别技术在理论层面进行突破是很关键的。

一、计算机智能化图像识别技术

计算机图像识别系统具体有：图像输入，把得到的图像信息输入计算机进行识别；图像预处理，分离处理输入的图像，分离图像区与背景区，同时细化与二值化处理图像，有利于后续高效处理图像；特征提取，将图像特征突出出来，让图像更真实，并通过数值标注；图像分类，要储存在不同的图像库中，方便将来匹配图像；图像匹配，对比分析已有的图片和前面有的图片，然后比较现有图片的特色，从而识别图像。计算机智能化图像识别技术手段通常包括三种：统计识别法，其优势是把控最小的误差，将决策理论作为基础，通过统计学的数学建模找出图像规律；句法识别法，其作为统计法的补充，通过符号表达图像特点，基础是语言学里的句法排列，从而简化图像，有效识别结构信息；神经网络识别法，具体用于识别复杂图像，通过神经网络安排节点。

二、计算机智能化图像识别技术的特征

（1）信息量较大。识别图像信息应对比分析大量数据。具体使用时，一般是通过二维信息处理图像信息。和语言信息比较，图像信息频带更宽，在成像、传输与存储图像时，离不开计算机技术，这样才能大量存储。一旦存储不足，会降低图像识别准确度，造成和原图不一致。而智能化图像处理技术能够避免该问题，能够处理大量信息，并且让图像识别处理更快，确保图像清晰。

（2）关联性较大。图像像素间有很大的联系。像素作为图像的基本单位，其互相的链接点对图像识别非常关键。识别图像时，信息和像素对应，能够提取图像特征。智能化识别图像时，一直在压缩图像信息，特别是选取三维景物。由于输入图像没有三维景物的几何信息水平，必须有假设与测量，因此计算机图像识别需考虑到像素间的关联。

（3）人为因素较大。智能化图像识别的参考是人，后期识别图像时，主要是识别人。人是有自己的情绪与想法的，也会被诸多因素干扰，图像识别时难免渗入情感。所以，人为控制对智能化图像技术要求更高。该技术需从人为操作出发，处理图像要尽量符合人的满足，不仅要考虑实际应用，也要避免人为因素的影响，确保计算机顺利工作及图像识别真实。

三、计算机智能化图像识别技术的优势

（1）准确度高。因为现在的技术约束，只能对图像简单数字化处理。而计算机能够转化成 32 位，需要满足每位客户对图像处理的高要求。不过，人的需求会随着社会的进步而变化，所以我们必须时刻保持创新意识，开发创新更好的技术。

（2）呈现技术相对成熟。图像识别结束后的呈现很关键，现在该技术相对成熟。识别图像时，可以准确识别有关因素，如此一来，无论在怎样的情况下都可以还原图像。呈现技术还可以全面识别并清除负面影响因素，确保处理像素清晰。

（3）灵活度高。计算机图像处理能够按照实际情况放大或缩小图像。图像

信息的来源有很多方面，不管是细微的还是超大的，都能够识别处理。通过线性运算与非线性处理完成识别，通过二维数据灰度组合，确保图像质量，这样不但可以很快识别，还可以提升图像识别水平。

四、计算机智能化图像识别技术的突破性发展

（1）提高图像识别精准度。二维数组现在已无法满足我们对图像的期许。因为大家的需求也在不断变化，所以需要图像的准确度更高。现在正向三维数组的方向努力发展，推动处理的数据信息更加准确，进而确保图像识别更好地还原，保证高清晰度与准确度。

（2）优化图像识别技术。现在不管是什么样的领域都离不开计算机的应用，而智能化是当今的热门发展方向，大家对计算机智能化有着更高的期待。其中，最显著的就是图像智能化处理，推动计算机硬件设施与系统的不断提升。计算机配置不断提高，图像分辨率与存储空间也跟着增加。此外，三维图像处理的优化完善，也优化了图像识别技术。

（3）提升像素呈现技术。现在图像识别技术正不断变得成熟，像素呈现技术也在进步。计算机的智能化性能能够全面清除识别像素的负面影响因素，确保传输像素时不受干扰，从而得到完整真实的图像。

综上所述，本节简单分析了计算机智能化图像识别技术的理论及应用。这项技术对我国社会经济发展做出了卓越的贡献，尤其是对科技发展的作用不可小觑。它的应用领域很广，包罗万象，在特征上具有十分鲜明的准确与灵活的优势，让我们的生活更加方便。现阶段我国越发重视发展科技，并且看重自主创新。所以，我们还应持续进行突破，通过实践不断积累经验，从而提升技术能力，让技术进步得更快，从而帮助国家实现长远繁荣的发展。

第五节　计算机大数据应用的技术理论

近几年来，先进的计算机与信息技术已经在我国得到了广泛的发展和应用，极大地丰富了人们的生活和工作，并且有效促进了我国生产技术的发展。与此同

时，计算机技术的性能也在不断更新和完善，并且其应用范围也不断扩大。尽管先进的计算机技术给各个领域的发展带来极大的促进作用，然而在计算机技术的应用过程中仍然存在着诸多问题，这主要是由于计算机技术的不断发展使得计算机网络数据量与数据类型不断扩大，因而使得数据的处理和存储成为影响计算机技术应用的一大重要问题。本节将围绕计算机大数据应用的技术理论展开讨论，详细分析当前计算机技术应用过程中存在的问题，并就这些问题提出相应的解决措施。

计算机技术的发展在给人们的生活和工作带来便利的同时也隐藏着诸多不利因素，因此，为了能够有效地促进计算机技术为人类所用，必须对其存在的一些问题进行解决。计算机技术的成熟与发展推动了大数据时代的到来，从其应用范围来说，大数据所涉及的领域非常广泛，包括教育教学、金融投资、医疗卫生以及社会时事等一系列领域，由此可见，计算机网络数据与人们的生活和工作联系极其紧密，因此，确保网络数据的安全与高效处理成为相关技术人员的重要任务之一。

一、计算机大数据的合理应用给社会带来的好处

（一）提高了各行业的生产效率

先进技术的大范围合理应用给社会各行各业带来了诸多便利，有效提高了各行业的生产效率。譬如，将计算机技术应用到教育教学领域可以有效提高教育水平，这得益于计算机技术：一方面可以改善教师的教学用具，从而有效减轻教师的教学重担；另一方面可以为学生营造一个更加舒适的学习环境，从而激发学生的学习热情，进而提高学生的学习效率。将计算机技术应用到医疗卫生行业，首先可以促进国产化医疗设备的发展和成熟，其次还便于医疗工作者对病人的信息进行安全妥善管理，提高信息管理效率。

（二）促进了各行业的技术发展

计算机网络技术的大范围应用有效促进了各行业的技术发展，从而提高了传统的生产和管理技术。基于计算机大数据的时代背景诞生了许多新型的先进技术，例如，在工业生产领域广泛应用的 PLC 技术，其是计算机技术与可编程器件完

美融合的产物，将其应用到工业生产中可以有效提高生产效率，并且改善传统技术中存在的不足和缺陷，并且基于PLC技术的优良性能使其的应用范围不断扩大，目前已经被广泛应用到电力系统行业，有效提高了电力系统管理效率。

二、计算机大数据应用过程中存在的问题

影响计算机大数据有效应用的原因有很多，其中，数据采集技术的不完善是影响其合理应用的原因之一，因此，为了能够有效促进计算机大数据在其他领域的发展，必须首先提高数据采集效率，这样才能确保相关人员在第一时间获得重要的数据信息；其次，在数据采集效率提高之后，还必须加快数据传输速度，这样才能将采集到的有用数据及时传输到指定位置，便于工作人员将接收到的数据进行整合、加工和处理，从而方便用户的检索和参考。与此同时，信息监管及处理技术也是困扰技术人员的一大难题，同时制约着计算机网络技术的进一步发展，因此，提高信息数据的监管和处理技术任务迫在眉睫。

三、改进计算机大数据应用效率的措施

（一）提高数据采集效率

从上文可知，目前的计算机大数据在应用过程中存在许多的问题和不足，需要相关技术人员不断完善和改进。其中，最为突出的问题之一便是数据的采集效率不能满足实际应用需求，因此，技术人员必须寻找可行的方案和技术来进一步完善当前的数据采集技术，以便能够有效提高数据采集效率。然而，信息在采集过程中由于其种类和格式存在很大的差异，进而使得信息采集变得相当复杂，因此，技术人员必须要以信息格式为入手点，不断优化和完善信息采集技术，确保各种类型的信息数据都能通过相似的采集技术实现采集功能，这样可以大大降低信息采集工程的难度，从而提高信息采集效率。

（二）优化计算机信息安全技术

尽管新型的计算机技术给人类的生活带来了极大的便利，然而，凡事都有利弊，计算机技术在给人类生活带来便利的同时也带来了一定的危害。大数据时代

的到来方便了社会的生产和进步，同时也给许多不法分子带来了机会，他们利用这种先进的计算机技术肆意盗取国家机密和个人的重要信息，因此，优化计算机信息安全维护技术成为摆在技术人员面前的一项重要任务。同时，当前的计算机网络数据包含着众多社会人员的重要信息，包括身份证信息、银行卡信息以及众多的个人隐私，因此，维护网络数据的安全是至关重要的。然而，凡事都会有解决措施，譬如，技术人员应该定期维护数据安全网络或派专业人员进行实时监管确保其安全。

计算机技术的快速发展促进了大数据时代的到来，并且由于特有的优良性能使得其应用范围不断扩大。然而，尽管这种技术极大地促进了社会的生产，但是也同样给社会带来一定的影响，因此，相关的技术人员需要不断的优化和完善计算机网络数据的监管技术以确保用户的信息安全。此外，为了便于信息的传输和流通，技术人员需要不断提高信息采集和传输速度，以便满足用户日益增长的需求。

第六节　控制算法理论及网络图计算机算法显示研究

随着 21 世纪科学技术的飞速发展，通用计算机技术已经普及到我们生活的方方面面。并且通过计算机技术，我国的各行各业都有了突飞猛进的发展。在计算机控制算法领域，通过将计算机技术与网络图的融合，将计算机的控制算法以现代化的计算机演算方式表现出来。并且随着计算机网络技术与网络图两者之间的协作发展，可以在控制算法上得到很好的定量优势和定性优势。本节通过对计算机网络显示与控制算法的运行原理进行分析研究，主要阐述计算机网络显示的具体应用方法。并将现有阶段计算机网络显示和控制算法中不足之处进行了分析，并且提出了一些改进性的意见和方法。

随着近些年来计算机显示网络理论的研究深入，目前我国应用计算机网络显示和控制算法中的网络图的控制有着日新月异的变化。在工作中，计算机可以实现与计算机网络图显示理论进行高效结合。并且在计算机网络图显示与控制算法中，符号理论的发展也极为迅速，它可以将网络图的控制以及标号的运行熟练控制。而且在这些研究过程中最重要的两点分别是计算机的控制算法和计算机的网络图显示。

一、计算机网络图的显示原理和储存结构

计算机网络图的显示原理简单地说就是点与线的结合。打个比方，如果需要去解决一个问题，那么必须要从问题的本质出发。只有对问题的根源进行分析理解并认识问题的产生原因，才可以使用最有效的方法解决这个问题。换一种思考问题的方法，我们将数学上的问题利用数学理论进行建模，利用这种建模的方法对问题进行分析研究，就会发现所有的问题在数学模型中的组成只有两个因素，一个是点，还有一个是线。而最开始的数学建模的方法和灵感，是科学家们通过国际象棋的走位发现的。在国际象棋进行比赛的过程中，选手们需要根据比赛规则依次在两个不同的位置放置皇后。并且选手们选择皇后的位置都有两个原则，这两个原则分别是：第一使用最少的，第二选用最少的。而通过这种方法也就构成了计算机网络图中最原始的模型结构。并且由于计算机网络图的主要构成是点与线的构成，所以图形的领域是计算机网络图最主要的构成方式。在后续科学家的研究过程中，科学家们将图论融入计算机的算法中发现，可以利用控制算法的方式对问题进行解决。通过这种方式形成的计算机网络图可以将图论中的数学模型建模和理论体系进行融合并加强了计算的效率。

而在最开始计算机运算过程中的储存结构通常是由关联矩阵结构、连接矩阵结构、十字连接表、连接表这 4 种最基本的基础结构构成。并且关联矩阵结构和邻接矩阵结构主要体现的是数组结构之间的关系。十字连接表和连接表主要体现的是连接表结构之间的关系。并且在计算机运算过程的储存结构中连接表的方法并不只是这一种。通常科学家们还可以通过对连接表节点进行连接，并在连接过程中次序表达，然后结合连接表算法，就可以更好地在网络图中对现有的计算机算法进行表达。

二、网络图计算机的几种控制算法分析

网络图计算机的控制算法主要是由点符号权控制算法、边符号控制算法和网络图显示方法组成。在实际应用过程中，点符号权控制算法主要是通过闭门领

域中的结构组织，在计算机使用符号计算的过程中掌握好极限度，主要是对最大和最小的度限定有着精确地控制，还需要在上下限之间有着及时的更新。如果显示网络图需要使用符号算法进行，就需要依据下界随时变化的角度来满足网络图下限的需求。而边符号的控制算法已经是一种较为成熟的算法方式，边符号控制算法主要是利用 M 边的最小编符号进行控制计算得出。而且边符号可以说是近些年来，科学家们对计算机网络算法的再一次创新。通过这次创新，计算机网络图的控制理论有着更为完善的发展。并且通过对符号控制算法的上界和下界进行实际的确定过程中，可以将计算机网络图控制算法的优势更为明确地体现出来。在运用边符号控制算法进行计算机网络控制计算过程中可以利用代表性的网络符号利用边控制算法提高计算中的精确度。而在工作人员使用计算机网络符号边控制算法的操作过程中，明确的界限可以使计算机的网络图显示有着更为精准的表达方式。在计算机控制算法中使用符号和边符号的显示主要是绘制网络图的过程。在计算运行结束过后，就需要一种显示方法来将图像绘制过程中的数据进行输入。如果需要增加输入过程的准确程度，就需要操作人员将指令准确地输入到计算机的网络图中。并且在输入完成后还需要将表格绘制中需要的其他数据进行再次分析输入。而表格绘制过程中的数据，主要包括绘图中的顶点个数，以及边的数量和图形的顶点坐标等。在计算机网络图的绘制过程中，大多数情况都需要创建邻接多重表，利用邻接多重表可以将数据更准确地输入到创建表中，可以使网络图中的数据更完整的显示出来，并且还可以维持网络连接过程中的稳定性。

三、对现有计算机算法和网络图的显示方法的提升措施

目前现有的网络图计算机算法在运行的过程中通常会出现语言表达不简便，绘制网络图的过程复杂，并且在网络图的绘制过程中无法进行准确的记录等现象。而随着计算机网络图的算法在领域中更深入的应用过程中，就会发现在实际操作过程中，计算机算法和网络图的显示以及在相关的查询系统中如果不熟练使用，会导致计算机整体系统不稳定，从而会将已经绘制好的网络图再次修改。而出现了以上类似问题，就需要在网络图的显示过程中借助计算机的 C 语言程序来绘制出想要表达出来的网络图。由于计算机中 C 语言的语言表达方式较为简单，

并且C语言的功能也异常强大，所以在计算机网络图显示的过程中使用C语言可以将图形更加准确地绘制在计算机的屏幕上。并且又由于C语言计算所占字节数较少，所以C语言在绘制计算机网络图的过程中，可以节省计算机的内部储存，并且使计算机在绘制网络图的速度和效率上都有极大的促进。而且随着绘制难度的加深，许多点对点之间的连线会出现很多顶点和边之间的关系。如果对计算机网络绘图不熟练就会造成绘图的失败。这就需要在绘图过程中，需要对图形每个顶点之间进行连线，并且还需要将整个图形绘制出相应的物理坐标。在图形的物理坐标上选取适当的距离，并将每个数值都选取整数或估算为整数。利用这种方法才可以将图形在绘制过程中的清晰度大为提升，并且也便于后续操作的观察。如果我们将图形中不需要的边和点进行删除，那么就要在删除的过程中查询时间和过程，并将其准确记录，以方便后续的操作。只有这样才能更好地构建出计算机网络图的显示系统。并且在计算机网络图的算法领域应用中，还需要对控制算法运行过程中的边符号控制系统进行完善。只有将绘制好的网络图进行多次修改和完善，才可以降低整个计算机算法系统的不稳定性。并且在修改过程中，还需要实现对数据的查询功能，以避免绘制出的图像古板模糊。在系统的完善过程中，还需要通过数据库的具体形式将数据进行正确操作来解决数据库绘制过程中的数据需求。如果需要提高对计算机控制算法的运行效率，就还需要对计算机控制算法和网络图绘制过程中的不同对象进行有效的分析。

在未来的应用过程中，依然还需要网络工作者们对计算机控制算法和网络图的显示进行不断的创新和发展，才可以使计算机网络图控制算法和显示功能更适应时代的发展和人们的生活需求。

计算机的网络图显示和控制算法理论，现在已经在我国的各个领域熟练地运用，并且每一阶段网络图理论和控制算法都有着迅猛的创新发展。由于目前计算机这一新兴行业受到了地方和国家的高度关注，计算机领域人才的培养也越来越重视，所以我国现代化发展的步伐离不开计算机网络图的应用。并且随着市场需求的不断增加，只有从网络应用层面出发，不断提升计算机的技能，才可以满足市场上的需求，以促进我国现代化发展的步伐。

第三章　计算机视觉技术

第一节　计算机视觉下的实时手势识别技术

在全球信息化背景下，逐渐发展起来越来越多的新科技，在图像处理技术领域，也取得了长足的发展。随着图像处理技术和模式识别技术等相关技术的不断发展，借助于计算机技术的巨大发展，人们的生活较以往有了巨大的改观，人们也越来越离不开计算机技术，在这种大环境，人们也开始着重研究实时手势识别技术。本节就是基于计算机视觉背景下，简单地介绍了实时手势识别技术，以及实时手势识别技术的一些识别方法和未来的发展方向，希望能够对一些对实时手势识别技术感兴趣的相关人员提供一定的参考和帮助。

在人类科学技术取得了飞速发展的今天，人们的日常生活中已经广泛应用到人机交互技术。在现代计算机技术的加成下，人机交互技术可以通过各种方式、各种语言使得人们和机器设备进行交流，在这方面，利用手势进行人机对话也是特别受欢迎的方式之一。所以，在计算机视觉下的实时手势识别技术也被越来越多的人研究，而且已经初步成型，部分被我们所利用，只不过，要实现实时手势识别技术的普及，还需要加大对其中一些相关技术的研究，解决掉现在实时手势识别技术所存在的一些问题，为对图像的准确识别和依据图像内容做出准确的反映作保证。

一、实时手势识别技术介绍

（一）手势识别技术概述

手势识别技术是近几年发展起来的一种人机交互技术，是利用计算机技术，使机器对人类表达方式进行识别的一种方法，根据设定的程序和算法，使工作人员和计算机之间通过不同的手势进行交流，再用计算机上的程序和算法对相应的机器进行控制，使其根据工作人员的不同手势做出相应的动作。工作人员的手势，可以分为静态手势和动态手势两种，静态手势就是指工作人员做出一个固定不变的手势，以这种固定不变的手势表示某种特定的指令或者含义，讲的通俗点即为人们常说的固态姿势。另外一种动态手势，也就是一个连续的动作，相对于静态手势来说，就显得比较复杂了，通俗点说，就是让操作者完成一个连续的手势动作，然后让机器根据这一连串的手部动作完成人们所期望的指令，做出人们所期望的反应。

（二）手势识别技术所需要的平台

手势识别技术和其他计算机科学技术一样，都需要硬件平台和软件平台两个方面。在硬件平台方面，必须要配备一台电脑和一台能够捕捉到图像的高清网络摄像头，电脑的配置当然要尽可能高，具备强大的运算能力，能够快速运算，稳定输出，对摄像头的要求也比较高，要能够清晰地拍摄到操作者的手部动作，不论是固定的静态手势还是一个连续的动态手部动作，都要能够清楚地记录跟踪，并传送给电脑。另外一个方面是软件平台方面，一般都是利用 C 语言开发平台，通过一些开源数据库，编写成一定的算法和程序，再配上视觉识别系统，利用这些程序进行控制和运行，分别对各种不同的静态手势和动态手势进行识别，实现人机交互的功能。

（三）手势识别技术的实现

录入摄像头拍摄到的图像视频对视频软件进行开发可选择的操作系统有很多，不同的研发单位可以根据自己的情况进行选择，为了让摄像头能够捕捉不同的视频画面，对于摄像头画面能力的要求特别高，这也是开始在机器重要的一步，然后再通过建立不同的函数模型，对这些函数模型以一定的程序来调用，再在建立的不同窗口进行显示，在所使用的摄像头上也要装上一定的摄像头驱动程序，来驱动摄像头工作。以此，便可以根据相关的数据模型，把捕捉到的视频或图像画面在特定的窗格中显示出来。

将摄像头读取到的手势动作进行固定操作。对于实现手势的固定操作要通过不同的检测方法，最常见的固定方法有两种：运动检测技术和肤色检测技术。前一种固定方法指的是，当做出一个动作时，视频图像中的背景图片会按一定的顺序进行变化，通过对这种背景图片的提取，再和以前未做动作所保留的背景图片做对比，根据背景图片的这种按顺序的形状变化的特点来固定手势动作，但是由于有一些不确定因素的影响，如天气和光照等，他们的变化会引起计算机背景图片分析和提取的不准确，使得运动检测技术在程序设计的过程中比较困难，不易实现。而后一种手段肤色检测技术正是为了减少这种光照或者天气等不确定因素的影响，来对手势动作进行准确的定位。肤色检测技术的原理是通过色彩的饱和度、亮度和色调等对肤色进行检测，然后再利用肤色具有比较强的聚散性质，会和其他颜色对比明显的特点，使得机器将肤色和其他颜色区别开来，在一定条件下能够实现比较准确的固定手势动作。

手势跟踪技术。实现手势分析的关键环节是完善手势跟踪技术，从实验数据显示的结果来看，利用不同的算法来跟踪手势动作，能够对人脸和手势的不同动作进行有效的识别，如果在识别过程中出现了手势动作被部分遮挡的情况，则需要进一步对后续的手势遮挡动作做出识别，通过改进算法来对摄像头拍摄不全的问题进行准备，再应用适合的肤色跟踪技术，得到具体的投射视图。

手势分割技术。要在视觉领域应用计算机软件技术，对数字和图像进行处理，并且应用于手势识别领域，就要借助计算机手势分割技术。计算机手势分割技术是指在操作者的手运动的时候，把摄像头采集并传递给计算机的图像数据，会被计算机当中的软件系统识别。如果不对动态手势图像进行手势分割技术处理，就有可能在肤色和算法的共同作用下，把算法数据转换为形态学指标，也就有可能导致数据模糊和膨胀，造成视倍不准确的现象。

二、计算机视觉下实时手势识别的方式

（一）模板识别方式

在静态手势的识别中经常被用到的最为简单的实时手势方式就是模板识别方式，它的主要原理是提前将要输入的图像模板存入到计算机内，然后再根据摄像头录入的图像进行相应的匹配和测量，最后通过检测它的相似程度来完成整个识别过程。这种实时手势识别方式简单、快速。但是，由于它也存在识别不准确的情况，我们也要根据实际的情况需要，选择不同的识别方式，对此，我们要做出一个比较准确的判断。

（二）概率统计模型

由于模板识别方式存在着模板不好界定的情况，有时候容易引起错误，所以，我们引入了概率统计的分类器，通过估计或者是假设的方式对密度函数进行估算，估算的结果与真实情况越相近，那么分类器就越接近在其中的最小平均损失值。从另一个方面来讲，在动态手势识别过程中，典型的概率统计模型就是 HMM，它主要用于描述一个隐形的过程。在应用 HMM 时，要先训练手势的 HMM 库，而且在识别的时候，将等待识别的手势特征值带入到模型库中，这样对应概率值最大的那么模型便是手势特征值。概率统计模型存在的问题就是对计算机的要求比较高，由于计算机视觉下的实时手势识别技术及其应用都比较大，所以就需要计算机有强大的计算速度。

（三）人工神经网络

作为一种模仿人与动物活动特征的算法，人工神经网络在数据图像处理领域发挥着它的巨大优势。人工神经网络是一种基于决策理论的识别方式，能够进行大规模分布式的信息处理。在近年来的静态和动态手势识别领域，人工神经网络的发展速度非常快，通过各种单元之间的相互结合，加以训练，估算出的决策函数，能够比较容易地完成分类的任务，减少误差。

三、实时手势识别技术在未来发展中的方向

（一）早日实现一次成功识别

以现在实时手势识别技术的发展现状，无论使用怎么样的算法，基本上都不能做到一次性成功识别，都会经历多种不同的训练阶段，也不能够保证一次性准确识别成功。所以，在手势识别技术的未来发展中，我们的研究方向主要是保证怎么样一次性快速识别，而且还要保证识别的准确性，这在实时手势识别技术的发展过程中是十分重要的，也需要我们在软件平台和硬件平台各个方面同时努力，加大研究投入，争取早日实现一次性成功识别，这样才能极大地提高手势识别的效率，能使实时手势识别技术得到更大的推广，为社会的生产加工做出更多的贡献。

（二）争取给用户最好的体验

虽然实时手势识别技术对于计算机来说，显得比较复杂，尤其对于图像的处理，但是对于它的体验者来讲，则是和传统的交互方式完全不同的另一种体验。从现状来看，实时手势识别技术还处于一个最基础的发展阶段，并没有完全给用户一个非常完美的体验，所以应该在发展实施手势识别技术的过程中，多和用户进行沟通，询问体验用户的感受，再切实制定新的发展策略，改进实施手势识别技术。一方面，我们要提高图像的录入质量和计算机运算的速度。另一方面，我们还需要切实考虑用户的体验感受，从多个方面入手研究，使得实时手势识别技术能够给用户带来最好的体验。

在计算机视觉下的实时手势识别技术在今天的日常生活和科技发展中已经显得特别重要，其研究成果使得人在与机器的沟通交流过程中具有非常重要的作用，可以极大地方便人与机器设备的沟通，让我们可以更轻松地对机器设备进行传递指令，方便快捷地完成某种动作，达到我们想要的目的。但是由于现阶段环境的复杂性和一些技术上的缺陷，实时手势识别技术在应用的过程中仍旧存在着一些不足，需要我们继续努力、加快发展，尽早实现实时手势识别技术的推广。

第二节　基于计算机视觉的三维重建技术

单目视觉三维重建技术是计算机视觉三维重建技术的重要组成部分，其中从运动恢复结构法的研究工作已开展了多年并取得了不俗的成果。目前已有的计算机视觉三维重建技术种类繁多且发展迅速，本节对几种典型的三维重建技术进行了分析与比较，着重对从运动恢复结构法的应用范围和前景进行了概述并分析其未来的研究方向。

计算机视觉三维重建技术是通过对采集的图像或视频进行处理以获得相应场景的三维信息，并对物体进行重建。该技术简单方便，重建速度较快，可以不受物体形状限制而实现全自动或半自动建模。目前计算机视觉三维重建技术广泛应用于包括医学系统、自主导航、航空及遥感测量、工业自动化等在内的多个领域。

本节根据近年来的国内外研究现状对计算机视觉三维重建技术中的常用方法进行了分类，并对其中实际应用较多的几种方法进行了介绍、分析和比较，指出今后面临的主要挑战和未来的发展方向。本节将重点阐述单目视觉三维重建技术中的从运动恢复结构法。

一、基于计算机视觉的三维重建技术

三维重建技术首先需要获取外界信息，再通过一系列的处理得到物体的三维信息。数据获取方式可以分为接触式和非接触式两种。接触式方法是利用某些仪器直接测量场景的三维数据，虽然这种方法能够得出比较准确的三维数据，但是它的应用范围有很大程度上的限制。目前的接触式方法主要有 CMMs、Robotics Arms 等。非接触式方法是在测量时不接触被测量的物体，通过光、声音、磁场等媒介来获取目标数据。这种方法的实际应用范围要比接触式方法广，但是在精度上却没有它高。非接触式方法又可以分为主动和被动两类。

（一）基于主动视觉的三维重建技术

基于主动视觉的三维重建技术是直接利用光学原理对场景或对象进行光学扫

描，然后通过分析扫描得到的数据点云从而实现三维重建。主动视觉法可以获得物体表面大量的细节信息，重建出精确的物体表面模型；不足的是成本高昂，操作不便，同时由于环境的限制，不可能对大规模复杂场景进行扫描，其应用领域也有限，而且其后期处理过程也较为复杂。目前比较成熟的主动方法有激光扫描法、结构光法、阴影法等。

（二）基于被动视觉的三维重建技术

基于被动视觉的三维重建技术就是通过分析图像序列中的各种信息，对物体的建模进行逆向工程，从而得到场景或场景中物体的三维模型。这种方法并不直接控制光源、对光照要求不高、成本低廉、操作简单、易于实现，适用于各种复杂场景的三维重建；不足的是对物体的细节特征重建还不够精确。根据相机数目的不同，被动视觉法又可以分为单目视觉法和立体视觉法。

1. 基于单目视觉的三维重建技术

基于单目视觉的三维重建技术是仅使用一台相机来进行三维重建的方法，这种方法简单方便、灵活可靠、使用范围广，可以在多种条件下进行非接触、自动、在线的测量和检测。该技术主要包括 X 恢复形状法、从运动恢复结构法和特征统计学习法。

X 恢复形状法。若输入的是单视点的单幅或多幅图像，则主要通过图像的二维特征（用 X 表示）来推导出场景或物体的深度信息，这些二维特征包括明暗度、纹理、焦点、轮廓等，因此这种方法也被称为 X 恢复形状法。这种方法设备简单，使用单幅或少数几张图像就可以重建出物体的三维模型；不足的是通常要求的条件比较理想化，与实际应用情况不符，重建效果也一般。

从运动恢复结构法。若输入的是多视点的多幅图像，则通过匹配不同图像中的相同特征点，利用这些匹配约束求取空间三维点的坐标信息，从而实现三维重建，这种方法被称为从运动恢复结构法，即 SfM（Structure from Motion）。这种方法可以满足大规模场景三维重建的需求，且在图像资源丰富的情况下重建效果较好；不足的是运算量较大，重建时间较长。

目前，常用的 S f M 方法主要有因子分解法和多视几何法两种。因子分解法。Tomasi 和 Kanade 最早提出了因子分解法。这种方法将相机模型近似为正射投影模型，根据秩约束对二维数据点构成的观测矩阵进行奇异值分解，从而得到目标的结构矩阵和相机相对于目标的运动矩阵。该方法简便灵活，对场景无特殊要求，不依赖具体模型，具有较强的抗噪能力；不足的是恢复精度并不高。多视几何法。通常，多视几何法包括以下四个步骤：①特征提取与匹配。特征提取是首先用局部不变特征进行特征点检测，再用描述算子来提取特征点。Moravec 提出了用灰度方差来检测特征角点的方法。Harris 在 Moravec 算法的基础上，提出了利用信号的基本特性来提取图像角点的 Harris 算法。Smith 等人提出了最小核值相似区，即 SUSAN 算法。Lowe 提出了一种具有尺度和旋转不变性的局部特征描述算子，即尺度不变特征变换算子，这是目前应用最为广泛的局部特征描述算子。Bay 提出了一种更快的加速鲁棒性算子。特征匹配是在两个输入视图之间寻找若干组最相似的特征点来形成匹配。传统的特征匹配方法通常是基于邻域灰度的均方误差和零均值正规化互相关这两种方法。Grauman 等人提出了一种基于核方法的快速匹配算法，即金字塔匹配算法。Photo Tourism 系统在两两视图间的局部匹配时采用了基于近似最近邻搜索的快速算法。②多视图几何约束关系计算。多视图几何约束关系计算就是通过对极几何将几何约束关系转换为基础矩阵的模型参数估计的过程。Longuet-Higgins 最早提出多视图间的几何约束关系可以用本质矩阵在欧氏几何中表示。Luong 提出了解决两幅图像之间几何关系的基础矩阵。与此同时，为了避免由光照和遮挡等因素造成的误匹配，学者们在鲁棒性模型参数估计方面做了大量的研究工作，在目前已有的相关方法中，最大似然估计法、最小中值算法、随机抽样一致性算法三种算法使用最为普遍。③优化估计结果。得到了初始的射影重建结果之后，为了均匀化误差和获得更精确的结果，通常需要对初始结果进行非线性优化。在 SfM 中对误差应用最精确的非线性优化方法就是光束法平差。光束法平差是在一定假设下认为检测到的图像特征中具有噪音，并对结构和可视参数分别进行最优化的一种方法。近年来，众多的光束法平差算法被提出，这些算法主要是解决光束法平差有效性和计算速度两个方面的问题。Ni 针对大规模场景重建，运用图像分割来优化光束法平差算法。Engels 针对不确定的噪声模型，提出局部光束法平差算法。Lourakis 提出了可以应用于超大规模三维重建的稀疏光束法平差算法。④得到场景的稠密描述。经过上述步骤后会生成一个稀疏的三维结构模型，但这种稀疏的三维结构模型不具有可视化效果，因此要对其进行表面稠密估计，恢复稠密的三维点云结构模型。近年来，学者们提出了各种稠密匹配的算法。Lhuillier 等人提出了能保持高计算效率的准稠密方法。Furukawa

提出的基于面片的多视图立体视觉算法是目前提出的准稠密匹配算法里效果最好的算法。

综上所述，SfM 方法对图像的要求非常低，鲁棒性和实用价值非常高，可以对自然地形及城市景观等大规模场景进行三维重建；不足的是运算量比较大，对特征点较少的弱纹理场景的重建效果比较一般。

特征统计学习法。特征统计学习法是通过学习的方法对数据库中的每个目标进行特征提取，然后对目标的特征建立概率函数，最后将目标与数据库中相似目标的相似程度表示为概率的大小，再结合纹理映射或插值的方法进行三维重建。该方法的优势在于只要数据库足够完备，任何和数据库目标一致的对象都能进行三维重建，而且重建质量和效率都很高；不足的是和数据库目标不一致的重建对象很难得到理想的重建结果。

2. 基于立体视觉的三维重建技术

立体视觉三维重建是采用两台相机模拟人类双眼处理景物的方式，从两个视点观察同一场景，获得不同视角下的一对图像，然后通过左右图像间的匹配点恢复场景中目标物体的三维信息。立体视觉方法不需要人为设置相关辐射源，可以进行非接触、自动、在线的检测，简单方便，可靠灵活，适应性强，使用范围广；不足的是运算量偏大，而且在基线距离较大的情况下重建效果明显降低。

随着上述各个研究方向所取得的积极进展，研究人员开始关注自动化、稳定、高效的三维重建技术的研究。

二、面临的问题和挑战

SfM 方法目前存在的主要问题和挑战是：

鲁棒性问题：SfM 方法鲁棒性较差，易受到光线、噪声、模糊等问题的影响，而且在匹配过程中，如果出现了误匹配问题，可能会导致结果精度下降。

完整性问题：SfM 方法在重建过程中可能由于丢失信息或不精确的信息而难以校准图像，从而不能完整地重建场景结构。

运算量问题：SfM 方法目前存在的主要问题就是运算量太大，导致三维重建的时间较长，效率较低。

精确性问题：目前 SfM 方法中的每一个步骤，如相机标定、图像特征提取与匹配等一直都无法得到最优化的解决，导致了该方法易用性和精确度等指标无法得到更大提高。

针对以上这些问题，在未来一段时间内，SfM 方法的相关研究可以从以下几个方面展开：

改进算法：结合应用场景，改进图像预处理和匹配技术，减少光线、噪声、模糊等问题的影响，提高匹配准确度，增强算法鲁棒性。

信息融合：充分利用图像中包含的各种信息，使用不同类型传感器进行信息融合，丰富信息，提高完整度和通用性，完善建模效果。

使用分布式计算：针对运算量过大的问题，采用计算机集群计算、网络云计算以及 GPU 计算等方式来提高运行速度，缩短重建时间，提高重建效率。

分步优化：对 SfM 方法中的每一个步骤进行优化，提高方法的易用性和精确度，使三维重建的整体效果得到提升。

计算机视觉三维重建技术在近年来的研究中取得了长足的发展，其应用领域涉及工业、军事、医疗、航空航天等诸多行业。但是这些方法想要应用到实际中还要更进一步的研究和考察。计算机视觉三维重建技术还需要在提高鲁棒性、减少运算复杂度、减小运行设备要求等方面加以改进。因此，在未来很长的一段时间内，仍需要在该领域做出更加深入细致的研究。

第三节　基于监控视频的计算机视觉技术

近年来，大规模分布式摄像头数量的迅速增长，摄像头网络的监控范围迅速增大。摄像头网络每天都产生规模庞大的视觉数据。这些数据无疑是一笔巨大的宝藏，如果能够对其中的信息加以加工、利用，挖掘其价值，能够极大地方便人类的生产生活。然而，由于数据规模庞大，依靠人力进行手动处理数据，不但人力成本昂贵，而且不够精确。具体来讲，在监控任务中，如果给工作人员分配多个摄像头，很难保证同时进行高质量监视。即便每人只负责单个摄像头，也很难从始至终保持精力集中。此外，相比于其他因素，人工识别的基准性能主要取决于操作人员的经验和能力。这种专业技能很难快速交接给其他的操作人员，且由于人与人之间的差异，很难获得稳定的性能。随着摄像头网络覆盖面越来越广，人工识别的可行性问题越来越明显。因此在计算机视觉领域，学者对摄像头网络数据处理的兴趣越来越浓厚。本节将针对近年来计算机视觉技术在摄像头网络中的应用展开分析。

一、字符识别

随着私家车数量与日俱增，车主驾驶水平参差不齐，超速行驶、闯红灯等违章行为时有发生，交通监管的压力也越来越大。依靠人工识别违章车辆，其性能和效率都无法得到保障，需要依靠计算机视觉技术实现自动化。现有的车牌检测系统已拥有较为成熟的技术，识别准确率已经接近甚至超过人眼。光学字符识别技术是车牌检测系统的核心技术，该技术的实现过程分为以下步骤：首先，从拍摄的车辆图片中识别并分割出车牌；然后，查找车牌中的字符轮廓，根据轮廓逐一分割字符，生成若干包含字符的矩形图像；接下来利用分类器逐一识别每个矩形图像中所包含的字符；最后将所有字符的识别结果组合在一起得到车牌号。车牌检测系统提高了交通法规的执行效率和执行力度，为公共交通安全提供了有力保障。

二、人群计数

2014 年 12 月 31 日晚，在上海外滩跨年活动上发生的严重踩踏事故，导致 36 人死亡 49 人受伤。事件发生的直接原因是人群密度过大。活动期间大量游客涌入观景台，增大了事故发生的隐患及事故发生时游客疏散的难度。这一事件发生后，相关部门加强了对人流密度的监控，某些热点景区已投入使用基于视频监控的人群计数技术。人群计数技术大致分为三类：基于行人检测的模型、基于轨迹聚类的模型、基于特征的回归模型。其中，基于行人检测的模型通过识别视野中所有的行人个体，统计后得到人数。基于轨迹聚类的模型针对视频序列，首先识别行人轨迹，再通过聚类估计人数。基于特征的回归模型针对行人密集、难以识别行人个体的场景，通过提取整体图像的特征直接估计得到人数。人群计数在拥堵预警、公共交通优化方面具有重要价值。

三、行人再识别

在机场、商场此类大型分布式空间，一旦发生盗窃、抢劫等事件，肇事者在多个摄像头视野中交叉出现，给目标跟踪任务带来巨大挑战。在这一背景下，行人再识别技术应运而生。行人再识别的主要任务是分布式多摄像头网络中的“目标关联”，其主要目的是跟踪在不重叠的监控视野下的行人。行人再识别要解决的是一个人在不同时间和物理位置出现时，对其进行识别和关联的问题，具有重要的研究价值。近年来，行人再识别问题在学术研究和工业实验中越来越受关注。目前的行人再识别技术主要分为以下步骤：首先，对摄像头视野中的行人进行检测和分割；然后，对分割出来的行人图像提取特征；接下来，利用度量学习方法，计算不同摄像头视野下行人之间在高维空间的距离；最后，按照距离从近到远对候选目标进行排序，得到最相似的若干目标。由于根据行人的视觉外貌计算的视觉特征不够有判别力，特别是在图像像素低、视野条件不稳定、衣着变化甚至更加极端的条件下有着固有的局限性，要实现自动化行人再识别仍然面临巨大挑战。

四、异常行为检测

在候车厅、营业厅等人流量大、人员复杂的场所，或夜间的 ATM 机附近较容易发生犯罪行为的场景，发生斗殴、扒窃、抢劫等扰乱公共秩序行为的频率较高。为保障公共安全，可以利用监控视频数据对人体行为进行智能分析，一旦发现异常及时发出报警信号。异常行为检测方法可分为两类：一类是基于运动轨迹，跟踪和分析人体行为，判断其是否为异常行为；另一类是基于人体特征，分析人体各部位的形态和运动趋势，从而进行判断。目前，异常行为检测技术尚不成熟，存在一定的虚警、漏警现象，准确率有待提高。尽管如此，这一技术的应用可以大大减少人工翻看监控视频的工作量，提高数据分析效率。

基于监控视频的计算机视觉技术在交通优化、智能安防、刑侦追踪等领域具有重要的研究价值。近年来，随着深度学习、人工智能等研究领域的兴起，计算机视觉技术的发展突飞猛进，一部分学术成果已经转化为成熟的技术，应用在人们生活的方方面面，为人们提供着更加便捷、舒适、安全的环境。展望未来，在数据飞速增长的时代，挑战与机遇并存，相信计算机视觉技术会给我们带来更多的惊喜。

第四节　计算机视觉算法的图像处理技术

网络信息技术背景下，对于智能交互系统的真三维显示图像畸变问题，需要采用计算机视觉算法处理图像，实现图像的三维重构。本节以图像处理技术作为研究对象，对畸变图像科学建立模型，以 CNN 模型为基础，在图像投影过程中完成图像的校正。实验证明，计算机视觉算法下图像校正效果良好，系统体积小、视角宽、分辨率较高。

在过去传统的二维环境中，物体只能显示侧面投影，随着科技的发展，人们创造出三维立体画面，并将其作为新型显示技术。本节通过设计一种真三维显示计算机视觉系统，提出计算机视觉算法对物体投影过程中畸变图像的矫正。这种图像处理技术与过去的 BP 神经网络相比，其矫正精度更高，可以被广泛应用于图像处理。

一、计算机图像处理技术

（一）基本含义

利用计算机处理图像需要对图像进行解析与加工，从中得到所需要的目标图像。图像处理技术应用时主要包含以下两个过程：转化要处理的图像，将图像变成计算机系统支持识别的数据，再将数据存储到计算机中，方便进行接下来的图像处理；将存储在计算机中的图像数据采用不同方式与计算方法，进行图像格式转化与数据处理。

（二）图像类别

计算机图像处理中，图像的类别主要有以下几种：模拟图像。这种图像在生活中很常见，有光学图像和摄影图像，摄影图像就是胶片照相机中的相片。计算机图像中模拟图像传输时十分快捷，但是精密度较低，应用起来不够灵活。数字化图像。数字化图像是信息技术与数字化技术发展的产物，随着互联网信息技术的发展，图像已经走向数字化。与模拟图像相比，数字化图像精密度更高，且处理起来十分灵活，是人们当前常见的图像种类。

（三）技术特点

分析图像处理技术的特点，具体如下：图像处理技术的精密度更高。随着社会经济的发展与技术的推动，网络技术与信息技术被广泛应用于各个行业，特别是图像处理方面，人们可以将图像数字化，最终得到二维数组。该二维数组在一定设备支持下可以对图像进行数字化处理，使二维数组发生任意大小的变化。人们使用扫描设备能够将像素灰度等级量化，灰度能够得到 16 位以上，从而提高技术精密度，满足人们对图像处理的需求。计算机图像处理技术具有良好的再现性。人们对图像的要求很简单，只是希望图像可以还原真实场景，让照片与现实更加贴近。过去的模拟图像处理方式会使图像质量降低，再现性不理想。应用图像处理技术后，数字化图像能够更加精准地反映原图，甚至处理后的数字化图像可以保持原来的品质。此外，计算机图像处理技术能够科学保存图像、复制图像、传输图像，且不影响原有图像质量，有着较高的再现性。计算机图像处理技术应用范围广。不同格式的图像有着不同的处理方式，与传统模拟图像处理相比，该技术可以对不同信息源图像进行处理，不管是光图像、波普图像，还是显微镜图像与遥感图像，甚至是航空图片也能够在数字编码设备的应用下成为二维数组图像。因此，计算机图像处理技术应用范围较广，无论是哪一种信息源都可以将其数字化处理，并存入计算机系统中，在计算机信息技术的应用下处理图像数据，从而满足人们对现代生活的需求。

二、计算机视觉显示系统设计

（一）光场重构

真三维立体显示与二维像素相对应比较，真三维可以将三维数据场内每一个点都在立体空间内成像。成像点就是三维成像的体素点，一系列体素点构成了真三维立体图像，应用光学引擎与机械运动的方式可以将光场重构。阐述该技术的原理，可以使用五维光场函数去分析三维立体空间内的光场函数，即 F：

$L \in R5 \rightarrow I \in R3$，L=[x，y，z]，这是五维光场函数中空间点的三维坐标和坐标下方向，代表的是该数字化图像颜色信息。

将点集按照深度进行划分，最终可以划分成多个子集，任意一个子集都可以利用散射屏幕与二维投影形成光场重构，且这种重构后的图像是三维状态的。经过研究表明，应用二维投影技术可以对切片图像实现重构，且该技术实现的高速旋转状态，重构的图像也属于三维光场范围。

（二）显示系统设计

本节以计算机视觉算法为基础，阐述图像处理技术。技术实现过程中需要应用 ARM 处理装置，在该装置的智能交互作用下实现真三维显示系统，人们可以从各个角度观看成像。真三维显示系统中，成像的分辨率很高，体素能够达到30M。与过去的旋转式 LED 点阵体三维相比，这种柱形状态的成像方式虽然可以重构三维光场，但是该成像视场角不大，分辨率也不高。

人们在三维环境中拍摄物体，需要以三维为基础展示物体，然后将投影后的物体成像序列存储在 SDRAM 内。应用 FPGA 视频采集技术，在技术的支持下将图像序列传导入 ARM 处理装置内，完成对图像的切片处理，图像数据信息进入 DVI 视频接口，并在 DMD 控制设备的处理后，图像信息进入高速投影机。经过一系列操作，最终 DLP 可以将数字化图像朝着散射屏的背面实现投影。想要实现图像信息的高速旋转，需要应用伺服电机，在电机的驱动下，转速传感器可以探测到转台的角度和速度，并将探测到的信号传递到控制器中，形成对转台的闭环式控制。

当伺服电机运动在高速旋转环境中，设备也会将采集装置位置信息同步，DVI 信号输出帧频，控制器产生编码，这个编码就是 DVI 帧频信号。这样做可以确保散射屏与数字化图像投影之间拥有同步性，该智能交互真三维显示装置由转台和散射屏构成，其中还有伺服电机、采集设备、高速旋转投影机、控制器与 ARM 处理装置，此外还包括体态摄像头组与电容屏等其他部分。

三、图像畸变矫正算法

（一）畸变矫正过程

在计算机视觉算法应用下，人们可以应用计算机处理畸变图像。当投影设备对图像垂直投影时，随着视场的变化，其成像垂轴的放大率也会发生变化，这种变化会让智能交互真三维显示装置中的半透半反屏像素点发生偏移，如果偏移程度过大，图像就会发生畸变。因此，人们需要采用计算机图像处理技术将畸变后的图像进行校正。由于图像发生了几何变形，就要基于图像畸变校正算法对图片进行几何校正，从发生畸变图像中尽可能消除畸变，且将图像还原到原有状态。这种处理技术就是将畸变后的图像在几何校正中消除几何畸变。投影设备中主要有径向畸变和切向畸变两种，但是切向畸变在图像畸变方面影响程度不高，因此人们在研究图像畸变算法时会将其忽略，主要以径向畸变为主。

径向畸变又有桶形畸变和枕型畸变两种，投影设备产生图像的径向畸变最多的是桶形畸变。对于这种畸变的光学系统，其空间直线在图像空间中，除了对称中心是直线以外，其他的都不是直线。人们进行图像矫正处理时，需要找到对称中心，然后开始应用计算机视觉算法进行图像的畸变矫正。

正常情况下，图像畸变都是因为空间状态的扭曲而产生畸变，也被人们称为曲线畸变。过去人们使用二次多项式矩阵解对畸变系数加以掌握，但是一旦遇到情况复杂的图像畸变，这种方式也无法准确描述。如果多项式次数更高，那么畸变处理就需要更大矩阵的逆，不利于接下来的编程分析与求解计算。随后人们提出了在 BP 神经网络基础上的畸变矫正方式，其精度有所提高。本节以计算机视觉算法为基础，将该畸变矫正方式进行深化，提出了卷积神经网络畸变图像处理技术。与之前的 BP 神经网络图像处理技术相比，其权值共享网络结构和生物神经网络很相似，有效降低了网络模型的难度和复杂程度，也减少权值数量，提高了畸变图像的识别能力和泛化能力。

（二）畸变图像处理

作为人工神经网络的一种，卷积神经网络可以使图像处理技术更好地实现。卷积神经网络有着良好的稀疏连接性和权值共享行，其训练方式比较简单，学习难度不大，这种连接方式更加适合用于畸变图像的处理。畸变图像处理中，网络输入以多维图像输入为主，图像可以直接穿入到网络中，无需向过去的识别算法那样重新提取图像数据。不仅如此，在卷积神经网络权值共享下的计算机视觉算法能够减少训练参数，在控制容量的同时，保证图像处理拥有良好的泛化能力。

如果某个数字化图像的分辨率为 227×227，将其均值相减之后，神经网络中拥有两个全连接层与五个卷积层。将图像信息转化为符合卷积神经网络计算的状态，卷积神经网络也需要将分辨率设置为 227×227。由于图像可能存在几何畸变，考虑可能出现的集中变形形式，按照检测窗比例情况，将其裁剪为特定大小。

四、基于计算机视觉算法图像处理技术的程序实现

基于上述文中提到的计算机视觉算法，对畸变图像模型加以确定。本节提出的图像处理技术程序实现应用到了 Matlab 软件，选择图像处理样本时以 1000 幅畸变和标准图像组为主。应用了系统内置 Deep Learning 工具包，撰写了基于畸变图像算法的图像处理与矫正程序，矫正时将图像每一点在畸变图像中映射，然后使用灰度差值确定灰度值。这种图像处理方法有着低通滤波特点，图像矫正的精度比较高，不会有明显的灰度缺点存在。因此，应用双线性插值法，在图像畸变点周围四个灰度值计算畸变点灰度情况。

当图像受到几何畸变后，可以按照上文提到的计算机视觉算法输入 CNN 模型，再科学设置卷积与降采样层数量、卷积核大小、降采样降幅，设置后根据卷积神经网络的内容选择输出位置。根据灰度差值中双线性插值算法，进一步确定畸变图像点位灰度值。随后，对每一个图像畸变点都采用这种方式操作，不断重复，直到将所有的畸变点处理完毕，最终就能够在画面中得到矫正之后的完整图像。

为了尽可能地降低卷积神经网络运算的难度，降低图像处理时间，建议将畸变矫正图像算法分为两部分。第一部分为 CNN 模型处理，第二部分为实施矫正参数计算。在校正过程中需要提前建立查找表，并以此作为常数表格，将其存在足够大的空间内，根据已经输入的畸变图像，按照像素实际情况查找表格，结合表格中的数据信息，按照对应的灰度值，将其替换成当前灰度值即可完成图像处理与畸变校正。不仅如此，还可以在卷积神经网络计算机算法初始化阶段，根据位置映射表完成图像的 CMM 模型建立，在模型中进行畸变处理，然后系统生成

查找表。按照以上方式进行相同操作，计算对应的灰度值，再将当前的灰度值进行替换，当所有畸变点的灰度值都替换完毕后，该畸变图像就完成了实时畸变矫正，其精准度较高，难度较小。

总而言之，随着网络技术与信息技术的日渐普及，传统的模拟图像已经被数字化图像取代，人们享受数字化图像的高清晰度与真实度，但对于图像畸变问题，还需要进一步研究图像的畸变矫正方法。在计算机视觉计算基础上，本节采用卷积神经网络进行图像畸变计算，按照合理的灰度值计算，有效提高了图像的清晰度，并完成了图像的几何畸变矫正。

第五节　计算机视觉图像精密测量下的关键技术

近代测量使用的方法基本是人工测量，但人工测量无法一次性达到设计要求的精度，就需要进行多次的测量再进行手工计算，求取接近设计要求的数值。这样做的弊端在于：需要大量的人力且无法精准地达到设计要求精度，对于这种问题，在现代测量中出现了计算机视觉精密测量，这种方法集快速、精准、智能等优势于一体，在测量中受到了更多的追捧及广泛的使用。

在现代城市的建设中离不开测量的运用，对于测量而言，需要精确的数值来表达建筑物、地形地貌等特征及高度。在以往的测量中无法精准地进行计算及在施工中无法精准地达到设计要求。本节就计算机视觉图像精密测量进行分析，并对其关键技术做以简析。

一、概论

（一）什么是计算机视觉图像精密测量

计算机视觉精密测量从定义上来讲是一种新型的非接触性测量。它是集计算机视觉技术、图像处理技术及测量技术于一体的高精度测量技术，且将光学测量的技术融入当中。这样让它具备了快速、精准、智能等方面的优势及特性。这种测量方法在现代测量中被广泛使用。

（二）计算机视觉图像精密测量的工作原理

计算机视觉图像精密测量的工作原理类似于测量仪器中的全站仪。它们具有相同的特点及特性，主要还是通过微电脑进行快速的计算处理得到使用者需要的测量数据。其原理简单分为以下几步：

（1）对被测量物体进行图像扫描，在对图像进行扫描时需注意外界环境及光线因素，特别注意光线对于仪器扫描的影响。

（2）形成比例的原始图，在对于物体进行扫描后得到与现实原状相同的图像，这个步骤与相机的拍照原理几乎相同。

（3）提取特征，通过微电子计算机对扫描形成的原始图进行特征的提取，在设置程序后，仪器会自动进行相应特征部分的关键提取。

（4）分类整理，对图像特征进行有效的分类整理，主要对于操作人员所需求的数据进行整理分类。

（5）形成数据文件，在完成以上四个步骤后，微计算机会对整理分类出的特征进行数据分析存储。

（三）主要影响

从施工测量及测绘角度分析，对于计算机视觉图像精密测量的影响在于环境的影响。其主要分为地形影响和气候影响。地形影响对于计算机视觉图像精密测量是有限的，对于计算机视觉图像精密测量的影响不是很大，但还是存在一定的影响。主要体现在遮挡物对于扫描成像的影响，如果扫描成像质量较差，会直接影响到对于特征物的提取及数据的准确性。还存在气候影响，气候影响的因素主要在于大风及光线影响。大风对于扫描仪器的稳定性具有一定的考验，如有稍微抖动就会出现误差，不能准确地进行精密测量。光线的影响在于光照的强度，主要还是表现在基础的成像，成像结果会直接导致数据结果的准确性。

二、计算机视觉图像精密测量下的关键技术

计算机视觉图像精密测量下的关键技术主要分为以下几种：

（一）自动进行数据存储

对计算机视觉图像精密测量的原理分析，参照计算机视觉图像精密测量的工作原理，对设备的质量要求很高，计算机视觉图像精密测量仪器主要还是通过计算机来进行数据的计算处理，如果遇到计算机系统老旧或处理数据量较大，会导致计算机系统崩溃，导致计算结果无法进行正常的存储。为了避免这种情况的发生，需要对于测量成果技术进行有效的存储。将测量数据成果存储在固定、安全的存储媒介中，保证数据的安全性。如果遇到计算机系统崩溃等无法正常运行的情况时，应及时将数据进行备份存储，快速还原数据。在对于前期测量数据再次进行测量或多次测量，系统会对于这些数据进行统一对比，如果出现多次测量结果有所出入，系统会进行提示。这样就可以避免数据存在较大的误差。

（二）减小误差概率

在进行计算机视觉图像精密测量时往往会出现误差，而导致这些误差的原因主要在于操作人员与机器系统故障，在进行操作前，操作员应对仪器进行系统性的检查，再次使用仪器中的自检系统，保证仪器的硬件与软件的正常运行，如果硬软件出现问题会导致测量精度的误差，从而影响工作的进度。人员操作也会导致误差，人员操作的误差在某些方面来说是不可避免的。这主要是对操作人员工作熟练程度的一种考验，主要是仪器的架设及观测的方式。减少人员操作中的误差，就要做好人员的技术技能培训工作。让操作人员有过硬过强的操作技术，在这些基础上再建立完善的体制制度，多方面控制误差。

（三）方便便携

在科学技术发展的今天，我们在生活当中运用的东西逐渐在形状、外观上发生巨大的变化。近年来，对于各种仪器设备的便携性提出了很高的要求，在计算机视觉图像精密测量中，对设备的外形体积要求、系统要求更为重要，其主要在于人员方便携带，可在大范围及野外进行测量，不受环境等特殊情况的限制。

三、计算机视觉图像精密测量发展趋势

目前我国国民经济快速发展，我们对于精密测量的要求越来越高，特别是近

年我国科技技术的快速发展及需要，很多工程及工业方面已经超出我们所能测试的范围。在这样的背景下，我们对于计算机视觉图像精密测量的发展趋势进行一个预估，其主要发展趋势有以下几方面：

（一）测量精度

在我们日常生活中，我们常用的长度单位基本在毫米级别，但在现在生活中，毫米级别已经不能满足工业方面的要求，如航天航空方面。所以提高测量精度也是计算机视觉图像精密测量发展趋势的重要方向，主要在于提高测量精度，在向微米级及纳米级别发展，同时提高成像图像方面的分辨率，进而达到我们预测的目的。

（二）图像技术

计算机的普遍对于各行各业的发展都具有时代性的意义，在计算机视觉图像精密测量中，运用图像技术也是非常重要的。同时工程方面遥感测量的技术也是对于精密测量的一种推广。

在科技发展的现在，测量是生活中不可缺少的一部分，测量同时也影响着我们的衣食住行，在测量技术中加入计算机视觉图像技术是对测量技术的一种革新。在融入这种技术后，我相信在未来的工业及航天事业中，计算机视觉图像技术能发挥出最大限度的作用，为改变人们的生活做出杰出的贡献。

第六节　计算机视觉技术的手势识别步骤与方法

计算机视觉技术在现代社会中获得了非常广泛的应用，加强对手势识别技术的研究有助于促进社会智能化的快速发展。目前，手势识别技术的实现需要完成图形预处理、手势检测以及场景划分以及手势识别几个步骤。此外，手势特征可以分为动态手势以及静态手势，在选用手势识别方法时要明确两者之间的区别，通常情况下选用的主要手势识别技术有运用模板匹配的方法、运用 SVM 的动态手势识别方法以及运用 DTW 的动态手势识别方法等。

随着现代科学技术水平的不断发展，计算机硬件与软件部分都获得了较大的突破，由此促进了以计算机软硬件为载体的计算机视觉技术的进步，使得计算机视觉技术广泛地应用到多个行业领域中。手势识别技术就是其中非常典型的一项应用，该技术建立在计算机视觉技术基础上，来实现人类与机器的信息交互，具有良好的应用前景和市场价值，吸引了越来越多的专家与学者加入到手势识别技术的研发中。手势识别技术是以计算机为载体，利用计算机外接检测部件（如传感器、摄像头等）对用户某些特定手势进行精准检测及识别，同时将获取的信息进行整合并将分析结果输出的检测技术。这样的人机交互方法与传统通过文字输入进行信息交互相比较具有非常多的优点，通过特定的手势就可以控制机器做出相应的反馈。

一、基于计算机视觉技术的手势识别主要步骤

通常情况下，要顺利地实现手势识别需要经过以下几个步骤：

第一，图形预处理。该环节首先需要将连续的视频资源分割成许多静态的图片，方便系统对内容的分析和提取；其次，分析手势识别对图片的具体要求，并以此为根据将分割完成的图片中的冗余信息排除掉，最后，利用平滑以及滤波等手段对图片进行处理。

第二，手势检测以及场景划分。计算机系统对待检测区域进行扫描，查看其中有无手势信息，当检测到手势后需要将手势图像和周围的背景分离开来，并锁定需要进行手势识别的确切区域，为接下来的手势识别做好准备。

第三，手势识别。在将手势图像与周围环境分离开来后，需要对手势特征进行分析和收集，并且依照系统中设定的手势信息识别出手势指令。

二、基于计算机视觉的手势识别基本方法

在进行手势识别之前必须要完成手势检测工作，手势检测的主要任务是查看目标区域中是否存在手势、手势的数量以及各个手势的方位，并将检测到的手势与周围环境分离开来。现阶段实现手势检测的算法种类相对较多，而将手势与周围环境进行分离通常运用图像二值化的办法，换言之，就是将检测到手势的区域标记为黑色，而周边其余区域标记为白色，以灰度图的方式将手势图形显现出来。

在完成手势与周围环境的分割后，就需要进行手势识别，该环节对处理好的

手势特征进行提取和分析，并将获得的信息资源代入到不同的算法中进行计算，同时将处理后的信息与系统认证的手势特征进行比对，从而将目标转化为系统已知的手势。目前，对手势进行识别主要通过以下几种方法进行。

（一）运用模板匹配的方法

众所周知，被检测的手势不会一直处于静止状态，也会存在非静止状态下的手势检测，相对来说，动态手势检测难度较大，与静态手势检测的方式也有一定的区别，而模板匹配的方法通常运用在静止状态下的手势检测。这种办法需要将常用的手势收录到系统中，然后对目标手势进行检测，将检测信息进行处理后得到检测的结果，最后将检测结果与数据库中的手势进行比对，匹配到相似度最高的手势，从而识别出目标手势指令。常见的轮廓边缘匹配以及距离匹配等都是基于这个方法进行的。这些办法都是模板匹配的细分，具有处理速度快、操作方式简单的优点，然而在分类精确性上比较欠缺，在进行不同类型手势进行区分时往往受限于手势特征，并且能够识别出的手势数量也比较有限。

（二）运用 SVM 的动态手势识别方法

在 21 世纪初，支持向量机（Support Vector Machine，SVM）方法被发明出来并获得了较好的发展与应用，在学习以及分类功能上都十分优秀。支持向量机方法是将被检测的物体投影到高维空间，同时在此区域内设定最大间隔超平面，以此来实现对目标特征的精确区分。在运用支持向量机的方法来进行动态手势识别时，其关键点是选取适宜的特征向量。为了逐步解决这样的问题，相关研发人员提出了利用尺度恒定特征为基础来获得待检测目标样本的特征点，再将获得的信息数据进行向量化，最后，利用支持向量机方法来完成对动态手势的识别。

（三）运用 DTW 的动态手势识别方法

动态时间归整（Dynamic Time Warping，DTW）方法，最开始是运用在智能语音识别领域，并获得了较好的应用效果，具有非常高的市场应用价值。动态时间归整方法的工作原理是以建立可以进行调整的非线性归一函数或者选用多种形式不同的弯曲时间轴来处理各个时间节点上产生的非线性变化。在使用动态时间归整方法进行目标信息区分时，通常是创建各种类型的时间轴，并利用各个时间轴的最大程度重叠来完成区分工作。为了保证动态时间归整方法能够在手势识别中取得较好的效果，研究人员已经开展了大量的研发工作，并实现了 5 种手势的成功识别，且准确率达到了 89.1% 左右。

通常情况下，许多手势检测方法都借鉴人们日常生活中观察目标与识别目标的思路，人类在确认目标事物时是依据物体色彩、外形以及运动情况等进行区分，计算机视觉技术也是基于此，所以在进行手势识别时也要加强人类识别方法的应用，促使基于计算机视觉技术的手势识别能够更快速、更精准。

第四章　计算机网络技术

第一节　计算机网络技术的发展

计算机网络的应用已经成为人们精神世界必不可少的一部分，它不仅改变了人们的生活和工作方式，更对社会的整体发展有很大的推动作用。在目前的网络技术与通信技术快速发展的形式之下，社会各个领域都逐步开始应用计算机和信息化等网络技术。

计算机是 20 世纪人类最伟大的发明之一，它的产生标志着人类开始迈向一个崭新的信息社会，新的信息产业正以强劲的势头迅速崛起。随着现代科学技术的不断发展，计算机网络技术成为发展的热门技术，是推动一个国家科学发展的重要方面。

一、计算机网络技术的概念及分类

计算机网络技术的概念。计算机网络主要是由一些通用的、可编程的硬件互连而成的，而这些硬件并非专门用来实现某一特定目的（例如，传送数据或视频信号），是通信技术与计算机技术相结合的产物，通过网络通信技术与管理软件间的有效融合，使计算机操作系统中的信息、资源能实现传递与共享的一种技术。

计算机网络技术的分类。按网络的作用范围划可分为：(1) 局域网（LAN），是现阶段使用范围最广的一种计算机网络技术。局域网一般用微型计算机或工作站通过高速通信路线相连（速率通常在 10Mbit/s 以上），但地理上则局限在较小的范围（如 1km 左右）。（2）城域网（MAN），可以为一个或几个单位所拥有，但也可以是一种公用设施，用于将多个局域网进行互连。它的作用范围一般是一个城市，可跨越几个街区甚至整个城市，其作用距离约为 5~50km。（3）广域网（WAN），是互联网的核心部分，其任务是通过长距离（例如，跨越不同的国家）运送主机所发送的数据，其作用范围大，通常从几十至几千公里，因而有时也被称为远程网。

按网络的使用者可划分为：（1）公用网（public network），主要是指电信公司（国有或私有）出资建造的大型网络，也可以被称为公众网。（2）专用网（private network），主要是指某个部门为满足本单位的特殊业务工作的需要而建造的网络。

二、计算机网络技术的发展现状

21 世纪已进入计算机网络时代，计算机网络成了计算机行业较重要的一部分。由于局域网技术发展成熟，出现了一系列光纤和高速网络技术、多媒体网络、智能网络，其发展为以 Internet 为突出代表的互联网。随着通信和计算机技术紧密结合和同步发展，我国的计算机网络技术也在迅速的飞跃发展中，因此计算机网络技术充分实现了资源共享。人们可以不受限制随时随地地访问和查询网络上的所有资源，极大地提高了平时的工作效率，促进了工作生活自动化和简单化发展。现阶段发展中，计算机网络管理技术从网络管理范畴来分类来看主要可分为四类：第一是对网路的管理，即针对交换机、路由器等主干网络进行管理；第二是对接入设备的管理，即对内部 PC、服务器、交换机等进行管理；第三是对行为的管理，即针对用户的使用进行管理；第四是对资产的管理，即统计 IT 软硬件的信息等。

三、计算机网络技术的前景分析

计算机网络技术的发展前景可概括为以下三个方面：（1）发展应开放化和集成化。科学技术的发展使得人们对计算机网络技术的要求不断提升，在目前的发展背景下，还应实现集成多种媒体应用以及服务的功能，这样才能确保功能和服务的多元化。（2）发展应高速化和移动化。快节奏的社会发展步伐使人们对网络传输的速度要求越来越高，因而无线网络发展非常重要，为实现上网的便捷性，打破地域环境的限制，实现网络的高速化和移动化发展是很关键的。（3）发展应人性化和自动化。计算机网络技术应满足人们在生活和工作中的需求，在今后发展中人性化为主，促使其应用更加简洁高效。

随着当今社会的发展和计算机网络水平的不断提高，计算机网络技术的应用逐步增加，而现在计算机网络技术的发展也进入一个关键性时期，随着用户对网络技术需要越来越高，网络安全问题也开始得到人们的重视，与此同时，人们也开始担心网络的同一性问题，所以在今后的发展中，我们应该更加重视计算机网络的标准性与安全性的深化改革，同时也需要培养更多专业人才支持计算机网络的发展。

第二节　计算机网络技术发展模式

在科学技术与信息技术快速发展的时代背景下，计算机网络技术被广泛地应用在各行各业当中，人们的生产生活已经离不开计算机的应用，对人们的日常生活与工作带来了巨大变革。本节从科学技术角度出发，分析了计算机网络技术发展的历程以及计算机模式对我国未来计算机网络发展的影响，

21 世纪是以计算机为代表的信息化时代，计算机网络技术已经被广泛地应用到各个领域与行业中，对人们的生活以及社会生产方式带来了巨大的变革，当下，无论是在我们的学习、生活以及工作中都离不开计算机网络技术，信息的网络化、社会化以及全球经济一体化都受到计算机网络技术的巨大影响。加强对计算机网络技术发展模式的研究具有重要意义。

一、计算机网络技术的概念

计算机网络技术是通信技术与计算机技术相结合的一种技术，是建立在网络协议基础之上，在全球范围内建立相对独立且分散的计算机集合。在连接过程中，光纤、电缆或者通信卫星都是其连接介质，随着科学技术与信息技术的飞速发展与不断推进，人们已经进入到电子信息时代，计算机网络技术可以实现软件、硬件以及数据资源的共享。

二、计算机网络技术发展历程及其功能分析

发展历程。21 世纪是以网络为代表的信息化时代，随着互联网技术与信息技术的迅猛发展，给社会生产以及个人生活带来巨大影响。计算机网络技术的发展主要经历了远程终端连接阶段、网络互联阶段、计算机网络阶段以及信息高速公路阶段。其中，远程终端连接是一种面向终端的计算机网络，将远程终端与网络控制中心相连接，对信息进行电子化形式来处理信息，获得、管理以及存储信息，对信息的内容进行智能化处理，进一步保证电子信息系统更加方便、高效、快捷地处理信息。不仅是数据信息处理，还包括设备维修与保养、数据采集以及系统建设等多个方面，它是一个庞大又复杂的系统，将通信技术、信息技术以及计算机网络技术等结合到一起。比如，我们日常使用的手机、电脑、无线电话以及其他各种移动平台等都是通过远程终端对信息进行收集，然后对收集到的信息进行分析与处理，从而实现最后的信息传递。不仅为人们提供精准的数据信息，大大方便了人们的日常生活与工作，还不断提高了人们的生活质量，也提高了工作效率。

随着计算机的不断更新，计算机网络系统实现了多个计算机网络之间互联的系统，也就是实现了用户可以使用多个网络系统的信息资源，最终达到信息资源交换与共享的目的。最后，在信息基础建设思想提出的当前时代，计算机网络信息高速公路逐渐得到认可与推广，高速化与综合化的计算机网络技术成为计算机技术发展的主要方向。

功能分析。近几年，计算机软件的开发随着我国科学技术的快速发展获得了较多的研究成果，计算机软件的应用已经融入人们生活的各个方面，生活质量的提高也对计算机的功能提出更高的要求。协同工作、资源共享与数据通信是计算机网络技术的主要功能，运用计算机网络技术，通过硬件设施与系统命令相结合，对大批量信息都可以实现统一的处理，这大大提高了工作效率。与人脑相比较，计算机网络系统能够快速打出信息，通过无线电磁波与光线进行信息传递，更加快捷，具有传递信息快、信息量大等优势。当某台计算机设备承担了过大的任务量时，可以通过运用计算机网络系统中任务较轻的计算机进行任务分担，从而实现协同工作，大大提高工作效率，节省人力与物力，保证计算机网络系统运行的可靠性与安全性。

计算机网络技术发展模式从最初的面向终端的计算机模式，逐渐发展成当前的局域网或者广域网的模式，提高了传输效率，实现了传输方式的多样化。此外，计算机网络技术对各种信息进行发布与处理，可以激发信息的有效性与实效性，最大限度地提高人们对信息的利用效率，调动人们的积极性与主动性来使用各种数据信息，为各个领域带来巨大的经济效益与社会效益。计算机网络技术这一集成化与综合化特征，不仅使计算机直接的数据传递更加方便快捷，还促进计算机网络技术向计算机网络环境营造方向发展。

三、计算机网络技术发展趋势探讨分析

服务主导型的计算机网络技术发展模式。以计算机网络技术系统的开发与建设为出发点与落脚点，网络系统的功能与目的都需要通过网络的应用来实现。通过逻辑层次的分析与探究，形成适应数据库的信息，然后将信息资源传送到数据信息访问层，在这个层次中，根据数据库信息反映出客户的需求，再传输到业务逻辑层次，再次转化成信息的形式，满足用户的需求，最后传输到展示层次，通过展示层次映射给客户，这就形成了一个完整的信息反馈过程。计算机网络技术的应用需求是促进技术发展的内在动力。必须以用户需求为核心，为用户提供更多、更好以及更优质的应用服务，可以知道，计算机网络技术发展模式正在朝着服务型的方向发展。

计算机网络技术发展模式的高速移动化。随着多媒体技术的不断发展，信息资源传输量日益增加，信息高速公路建设显得越来越重要。在信息化时代，各种信息资源越来越复杂、多变，必须对信息进行准确地分析，加以利用。各个行业都会涉及计算机网络技术应用与信息处理的问题，为了满足人们多样化需求，提高计算机网络应用效能，保证软件系统运行的可靠性与安全性，必须重视无线网络技术的发展。传统上网地点受到多方面限制导致无法建立网络环境，所以，3G 移动通信以及无线相容性认证等不断出现并融入人们生活的方方面面，促进了移动化通信的全面发展。无线网络技术的应运而生促进了计算机信息技术朝着有线网络为主，无线网络为辅的终端模式发展，实现计算机网络技术发展模式的高速移动化。

计算机网络技术发展模式呈现开放化与智能化特征。在计算机网络设计过程中，需要做好软件功能模块的设计，对各个模块的内部结构与系统运行状态有个

系统的了解与掌握，重点做好系统的调度工。并且在计算机软件开发与应用方面呈现出越来越人性化的特点，加上用户应接口自动化处理手段，使得计算机网络技术的发展朝着智能化方向迈进一步。随着我国科学技术的飞速发展与不断的推进，我国研发出来大量的具有分散式可以远程访问功能的技术，但是在实际的应用当中选择最合理的访问技术是需要在对实际情况进行综合考虑之上进行的，这个技术具有高效的数据信息处理能力。在实际的应用当中，计算机网络技术实现简便性功能模块调整，为计算机网络技术开放性发展奠定坚实基础。

综上所述，计算机网络技术的发展促进了社会信息化进程不断加快，是现代社会发展的积极推动。随着计算机网络技术的不断发展，其应用领域将实现集成化与智能化。

第三节　人工智能与计算机网络技术

随着信息化的发展，人工智能化在计算机网络领域运用更加广泛。文章主要从人工智能处理模糊信息、协作能力、学习能力、非线性能力以及计算成本小等特点对其优势进行阐述，分析了计算机网络技术中人工智能的必要性以及人工智能在计算机网络技术中的具体应用，包括计算机网络安全管理、Agent 技术以及网络管理与评价等方面。

随着科学的不断进步，计算机技术与信息化技术已经被广泛地使用，智能化服务已经成为当前计算机技术与信息化技术创新的关键。因此，就人工智能在当前社会的发展现状来看，潜力巨大，在人们的日常生活中发挥着巨大的作用。本节通过对人工智能技术的优势以及人工智能出现在计算机网络技术应用中的必要性进行分析，介绍人工智能在计算机网络技术中的应用。

一、人工智能技术的优势分析

模糊信息能力与协作能力。人工智能作为顺应时代的产物，不仅可以方便当前人类的生活，还具有预测未来的功能，这种预测功能虽然是通过模糊逻辑对事物进行推理得来的，但是一般不需要特别准确的数据支持。因为在计算机网络中，存在大量的模糊信息等待开发，这些信息具有不确定性和不可知性。因此，对于这些信息的处理也存在很大的困难，而人工智能可以充分发挥这类数据的作用，将人工智能技术应用到计算机网络管理中，对于提升网络管理的信息处理能力会有很大的帮助。

同时，人工智能还具有协作能力，从当前的发展来看，计算机网络不论在规模还是结构上都在不断地扩大，这对于网络管理来说具有很大的难度，传统的“一刀切”模式已经不能有效满足当前的网络管理，因此，需要对网络进行分级式管理。对网络采用一级一级的方式进行监测，需要在网络管理过程中处理好上级与下级的关系，使两者有效协作。而人工智能技术能够利用协作分布思维来处理好这种协作关系，从而提高网络管理的协作能力。

学习能力和处理非线性能力。人工智能在计算机网络技术运用中具有很好的学习能力。网络作为虚拟的东西，不但不可估摸，而且具有的信息量以及概念都远远超出我们所能猜测的范围，很多信息与概念都还处在较低的层次，相对简单。这些信息对于人类社会发展来说，很可能都是重要的信息内容。往往高层次的内容都是通过对低层次内容深入学习、解释和推理得到的，因此，高层次的内容往往是建立在低层次的信息之上的，而人工智能在处理这些低层次的信息中表现出了很强的运用能力。

人工智能的非线性能力主要是通过人类正确处理非线性功能得出的，人工智能技术的发展使机器获得了像人类一样的智慧和能力，在解决非线性问题方面，人类已经可以表现出明显优势，人工智能作为人类智慧的衍生物，在处理非线性问题时同样具有优势。

人工智能的计算成本小。人工智能在运算过程中，可以将已经储存的数据循环使用，使资源的消耗最小化。人工智能在运算过程中主要通过算法演算进行，而且这种算法在处理数据过程中具有很强的运算能力，效率很高，在处理问题时可以通过选择最优方案来完成计算任务，这样不仅节约了大量的时间，使网络技术高效运行，而且还能够节省很多计算资源。

二、人工智能在计算机网络技术中应用的必然性

随着计算机技术的蓬勃发展，如何使网络信息安全有效运行成为人们研究的重点内容。作为网络管理系统应用的重要功能，网络监控与网络控制也是人

们关注的焦点。而如何发挥好网络监控和网络控制功能，取决于是否及时获取信息以及及时处理信息。计算机技术的发展已有很多年，人工智能在近些年才刚出现，因为早期的计算机网络数据出现不连续和不规则的情况，计算机很难从中分析出有效的数据内容，导致计算机技术的发展缓慢前行，所以，当前实现计算机网络技术的智能化发展对社会发展来说至关重要。

随着计算机技术在各行各业的应用，人们对网络运行安全性意识增强，用户对网络安全管理的要求也逐渐提高，从而有效保障个人信息不受侵犯。而且计算机技术作为刑侦手段，具有较为敏捷的观察力以及快速的反应力，这对防治当前的网络犯罪具有良好的效果，可以有效遏制不法分子的犯罪活动。同时，在对人工智能进行智能优化管理系统的升级后，人工智能可以自动收集信息，并根据收集的信息诊断可能给计算机网络带来的影响，从而有效帮助用户及时发现网络运行中存在的故障并采取有效的措施处理故障，保证计算机网络的安全有效运行。所以说人工智能可以有效保证计算机网络运行过程中的信息安全。

计算机给人类带来了新的技术革命，决定了人工智能的存在，人工智能作为计算机发展的产物，极大地促进了计算机技术的发展，当前计算机在处理数据、完善算法过程中已经离不开人工智能的技术支持。人工智能由于能够有效处理不确定信息和及时追踪信息的动态变化，并将有效信息处理过后提供给用户，同时还具有高效的写作能力以及信息整合能力，从而提高当前工作者的工作效率，而且人工智能的推理能力也相对较强。人工智能的发展可以有效提高计算机的网络管理水平。

三、人工智能在计算机网络技术运行中的应用分析

人工智能提高计算机网络安全管理水平。当前网络安全仍然不是很高效，很多用户的信息依然存在较大的安全隐患，而人工智能的应用可以有效帮助用户保护个人信息安全，在实际操作过程中，人工智能主要通过智能防火墙、反垃圾邮件、入侵检测三方面实现网络安全管理的目标。

智能防火墙通过智能化识别技术对信息数据的分析处理，无须进行海量的计算，直接对网络行为的特征值进行发现并访问，在防止网络危害方面效果较好，从而有效地对其进行拦截。而且智能防火墙可以有效防止网站不受黑客攻击，及时检测病毒以及木马，防止病毒的扩散，同时，还可以有效对内部局域网进行监

控管理。入侵检测作为防火墙的第二道闸门，对于保护网络运行安全同样具有至关重要的作用。入侵检测可以通过对网络的数据进行分析、分类、处理后反馈给用户。入侵检测可以防止内部以及外部攻击，避免操作失误造成的损失。

智能反垃圾邮件系统可以有效防止用户的邮箱免遭侵害，保护用户的个人隐私。通过识别用户的邮箱，系统可以分析出垃圾邮件，分类并选择性发送给用户。

人工智能代理技术。人工智能代理（Agent）技术是由知识域库、数据库、解释推理以及各代理之间通信部分形成的软件实体。每个代理的知识域库通过对新数据的处理，促使各代理之间沟通并完成任务。人工智能代理技术还可以通过用户指定的信息进行搜索，然后将其发送到指定的位置，使用户更高效地获取信息。

代理技术的使用可以为客户提供更加人性化的服务，比如，代理技术可以在用户查找信息过程中，通过分析处理将有用的信息呈递给用户，用户通过对信息的筛选，选择适合自己的信息进行使用，提高用户的工作效率。同时，代理技术还可以为用户提供日常所需服务，比如，日程工作安排、网上购物以及邮件收发等，极大地方便了用户的生活。同时，人工代理技术还具有自主学习等能力，使计算机进行自主更新，不断强化人工智能代理技术，使计算机网络技术不断发展。

网络系统管理和评价中的应用。人工智能的发展促进了网络管理系统的智能化发展，在建立网络综合管理系统过程中，可以利用人工智能的专家知识库以及问题解决技术。因为网络环境具有高速运转、发展迅速等特点，网络管理运行过程中遇到的问题，需要通过网络管理技术的智能化发展来提高其处理的效率。同时，人工智能技术还可以将专家知识库中各领域的问题、经验以及知识体系、解决方法总结出来，重新整合形成新的智能程序。当来自不同领域的工作人员在使用计算机遇到各个领域的问题时，可以通过与专家库进行对比分析来解决，有利于实现计算机网络管理以及系统评价的工作。这种人工智能分析出来的专家意见具有一定的权威性，同时，人工智能还能及时针对行业的需求、各领域专家学者提供的最新建议以及经验对数据库进行更新处理，使人工智能下的网络系统管理以及评价系统顺应时代的发展。

在信息化与智能化不断发展的时代，计算机网络技术与智能化的完美融合可以有效帮助人们解决工作以及生活中的问题。面对不断发展的社会，人们对于计算机网络技术的应用需求越来越高，不仅要求能保障自身信息的安全性，还要求能快速处理问题。因此，人工智能作为计算机网络技术发展过程中的产物不断得到推广，我们应该充分发掘其潜力，为计算机网络技术发展做贡献。

第四节　计算机网络技术的广泛应用

计算机网络技术受到全社会的广泛关注，发展迅速。计算机网络技术应用于社会许多领域并取得重大成果，成为社会发展的巨大推力。在这种情况下，针对计算机网络技术的应用现状进行分析，从中分析出计算机网络技术的长处所在，以满足实际需要为计算机应用于各个领域的最终目的。进而保证计算机网络技术能够更好地应用于各个领域之中，发挥其作为先进技术的重要导向作用，促进各行业的持续健康发展，推动社会发展，促进计算机网络技术的革新进步，形成良性循环。

一、网络计算机技术的社会方面应用

将计算机网络技术应用于公共服务体系。目前我国公共服务体系中，重点问题也是难点问题就是提高公共服务的效率的方法。计算机网络技术的出现恰好解决了这个问题。过去的公共服务主要是通过大量的人力物力的投放来保证实施的，不仅杂乱而且效率低下，问题不断。而计算机网络技术在释放大批人力的同时，提高了效率，帮助公共服务体系的管理人员能够方便高效地实行管理工作。计算机网络技术的发展进步以及日趋成熟，使计算机网络技术手段实施于管理、工作中变得大众化。计算机网络技术与公共服务系统完美融合，更加明显地体现出计算机网络技术的优势所在。

例如，过去的公共服务体系中，对于“便民服务、咨询投诉、公众宣传”等公共服务是“头疼”的。如果按要求落实了这些服务，那人力、物力成本不可估计，但是不执行又有悖于公共服务体系的初衷。所以网络技术出现，解决了这些矛盾，人民可以在网上向管理人员进行问题咨询，或者是倾诉自己的不满以及关注一些福利政策。人们看得更加清楚明白，公众服务体系管理人员的工作也更好开展。可以说是计算机网络技术与公共服务体系的结合，真正做到了“方便你、我、他”。

计算机网络技术在网络系统中的实际应用。光纤技术对于计算机网络系统的构建、完善具有重大意义。反过来讲，计算机网络技术又大面积应用于光纤技术中。我们日常计算机网络活动中所使用的城域网的主要传输方式的学名其实就是“光纤分布式数据接口传出技术”，虽然光纤技术应用广泛且效率高，但是也受使用成本过高问题的困扰而计算机网络技术正是解决了这个问题，让人们打破价格带来的不方便，真正地享受网络技术发展所带来的轻松便利的生活。

二、计算机网络技术的具体应用分析

从目前的计算机网络技术的发展趋势来看，深入地探讨计算机网络技术的具体应用分析是有意义的。下面就从计算机网络技术在信息系统构建、发展和教育科研方面的应用来进行探讨。

（一）计算机网络技术在信息系统中的应用

1. 计算机网络技术为构建信息系统提供了技术的支持

计算机网络技术的发展在一定程度上决定了网络信息系统的完善程度。换句话说，计算机网络技术是网络信息系统的建立基础，为构建信息系统提供了技术上的支持。

第一，计算机网络技术为了保证信息系统的传输效率全面、快速的提高，为信息系统的构建提供了新的传输协议。

第二，为了保证信息系统的存储能力足够大，计算机网络技术不断进步与提升，研究出了新的数据库技术，满足了信息系统构建所需要满足的存储条件。

第三，信息系统的建立目的就是为了让人们得到有实效的、自己所需要的信息。计算机网络技术为信息系统提供了新型的传输技术，保证了信息系统所传输的信息的时效性和实用性。

2. 计算机网络技术加速了信息系统的发展

计算机网络技术不仅对信息系统的构建产生巨大作用，对于信息系统的后续发展也有着不可忽略的促进作用。网络技术自身的不断进步和完善，也为信息系统的整体性建设和完善提供了源源不断的技术支持。计算机网络技术在这个过程中为信息系统的发展提供源源不断的动力，产生了不可忽视的拉动作用，加速信息系统的发展与进步。

（二）在教育科研中应用计算机网络技术系统

近些年来，教育改革不断深化，广受社会各界人士的关注。不仅是改革旧的教育方式，更要在教育中融入新技术，让教育做到了与时俱进。跟上时代的发展步伐，也有利于开拓学生的眼界，帮助学生做一个全面的高素质人才。随着计算机网络技术的发展，教育与计算机网络技术的结合，让这一切都不是难题，并且促进教育科研的发展和进步，研究出了许多新技术，对教育发展有重大意义。比如，远程教育技术和虚拟分析技术的研发和运用，提高了教育的质量和效率，提高了教育科研的整体性水平。

1. 远程教育得以实现的技术支持

计算机网络技术与教育科研的完美融合，加速了远程教育的实现。有效地拓宽了教育的波及范围，促进了教育发挥积极作用。同时远程教育的实现还起到了丰富教育手段的作用。对于目前远程教育的运行情况来说，收获了良好的反响的同时让师生都体会到了远程教育带来的好处。远程教育这种教育形式有望在未来的教育体系中成为主流教育形式。计算机网络技术应用于远程教育体系的构建中，对教育体系的变革产生了巨大的、不可忽视的、不可磨灭的作用。

2. 虚拟分析技术的出现促进教育科研发展

随着社会发展和科技进步，我们对于教育方面所教授的知识已经不仅仅满足于课本上的文字内容。更希望课本上的文字内容“活起来”，这样能够更直观立体，也能更生动地“看见”课本内容，并加以理解和掌握。尤其是对于一些需要进行数据分析和实际操作设计的内容，“动起来”更是意义重大。虚拟分析技术应运而生。依靠计算机网络技术的发展为虚拟技术的研发提供基础条件，这也是计算机网络技术在与教育相融合时产生的另一大理论成果。

三、计算机网络技术的应用领域

（一）计算机网络技术在人工智能方面的应用

人工智能这个概念早已提出，但是随着科技的进步，人工智能从构想变成了现实。人工智能系统也成为一个独立存在的系统，但是计算机网络技术作为人工智能技术的发展基础，是不能被湮灭的。即使现在，人工智能系统的实施也无法脱离于计算机网络技术，人工智能的从无到有，无一不彰显着计算机网络技术的应用所带来的巨大成果。

计算机网络为自动程序设计提供方便，编程和程序设计既是计算机网络技术的基础也是核心内容。计算机网络技术中，设计自动程序也是一个重要研究方面。自动程序的研究不断深化也预示着程序员的工作将会渐渐被取代，也象征着人工智能研究取得巨大成果。自动程序的设计为人工智能提供了基础，也为人工智能时代的到来提供了可能，加快了速度。

（二）计算机网络技术在通信方面的应用

计算机网络的发展为人们的生活提供了便利，这一点无可厚非，这样的改变是逐渐的，尤其在通信方面表现尤为明显。从一开始的面对面交流、写信、电话电报到如今的视频通话，让在外的人与家里人沟通更畅快，与朋友交流更密切。网络的发展也是 2G\3G\4G 这样有过程的逐步的发展进步。计算机网络技术应用于通信方面，方便了人们之间的交流，让距离不是问题。

总之，本节通过对计算机网络技术在商务中、人工智能技术中的应用及其应用途径和具体应用的分析，让学生直观地感受到计算机网络技术发展对社会的巨大推动作用。基于此，我们需要对网络信息技术有一个完整的、清晰的、深入的认识，推动计算机网络技术能够更广泛、更深入、更高效的应用于各个领域，促进社会各个行业、各个领域的发展成熟。

第五节　计算机网络技术与区域经济发展

经济社会发展中，计算机网络技术发挥着十分重要的作用，尤其是区域经济发展中，计算机网络技术的积极作用更是显著。本节在深入分析计算机网络技术对区域经济发展的影响的基础上，探讨了计算机网络技术助推区域经济发展中的良策。

计算机网络技术在区域经济发展中，有效应用集中体现在优化发展结构、衍生新技术、经济发展要素等方面，为了持续发挥计算机网络技术应用价值，推动区域经济健康、可持续发展，有必要重视计算机网络技术的影响研究，以计算机网络技术助推区域经济取得进一步发展成绩。鉴于此，本节对“计算机网络技术对区域经济发展的影响”展开分析。

一、计算机网络技术对区域经济发展的具体影响分析

优化区域经济发展结构。传统经济模式显然无法紧跟现代化经济社会发展脚步，然而在计算机网络技术支持下，传统经济模式可进行改造或者升级，借助信息化手段，高效处理生产信息，借助计算机网络技术优化生产流程，可确保区域生产力满足现代区域经济发展需求。例如，农业生产活动中，计算机网络技术的有效应用，可让生产方式实现现代化，以此推动我国农业产业的科技发展。

衍生高新技术。计算机网络技术的有效应用，能够让传统产业与现代技术进行有效融合，全面提高生产力，并且在此基础上，优化产业结构。除此之外，在计算机网络技术的支持下，各项高新技术的有效应用，能够进一步提高产品的附加值，为产品市场核心竞争力的提高夯实基础，对促进区域产业经济进一步发展有着十分重要的促进作用。

影响区域经济发展要素。传统区域经济发展中，侧重人才要素、资本要素、技术要素等。然而计算机网络技术的有效应用，是传统区域经济发展要素，可在区域内短时间得到补充或者流失，意味着在计算机网络技术的支持下，区域经济发展资源分配更加合理，资源利用率更高，更加有助于区域经济健康、可持续发展。另外，借助计算机网络技术，区域内产业可进行强强合作，有效增强了区域内产业市场核心竞争力，为区域经济健康发展夯实了基础。

二、计算机网络技术助推区域经济发展的良策分析

当今社会，计算机网络技术得以普及应用，为区域经济发展提供技术保障。为了进一步推动区域经济发展，有必要重视计算机网络技术的深层次应用，并重视相关专业人才的培养。

借助计算机网络技术改造和升级传统产业。计算机网络技术普及应用背景下，部分企业信息化建设严重不足，尤其是中小企业，计算机网络技术的应用深度不足，难以充分发挥计算机网络技术应用价值，助推企业的健康发展。所以，政府相关部门有必要重视自身职能作用的发挥，借助多种手段，强化计算机网络技术

在产业发展中的应用，促使区域各产业能够利用计算机网络技术改造和升级产业，有效提高产业市场核心竞争力，推动区域经济可持续、健康发展。除此之外，区域产业有必要借助计算机网络技术，逐渐将产业由劳动密集型转变为知识、技术、信息密集型，为产业健康发展提供保障。

加大计算机网络技术专业人才培养力度。如何利用计算机网络技术，推动区域经济发展，关键在于专业技术人才。因此，区域经济发展中，有必要重视计算机网络技术专业人才培养。区域内各企业除了重视计算机软件研发与利用之外，还需要重视网络硬件的建设及数据处理技术的研究。所以，企业需要立足于现阶段人才培养现状，优化人才培养机制，为计算机网络技术助推区域经济发展提供人才保障。

政府扶持计算机网络技术发展。为充分发挥计算机网络技术应用价值，推动区域经济健康发展，政府有必要高度重视计算机网络技术的发展，以计算机网络技术为基础，合理规划区域内资源，并借助网络加强监管，及时解决计算机网络技术助推产业发展中的一系列问题，为区域经济稳定发展夯实技术基础。同时，政府需结合产业具体情况，利用纳税等渠道扶持高新技术产业发展。除此之外，为了加快计算机网络技术的发展，政府需要大力支持教育事业的发展，为计算机网络技术的发展培养出大量计算机专业高素质人才。同时，加强网络知识宣传，全面提高全民网络意识，促使人们高度重视网络产业的发展。另外，为了确保网络产业健康发展，需重视网络犯罪打击，营造一个健康的网络环境，推动区域网络产业健康发展。

计算机网络技术在社会各产业中的有效应用，具有多种现实意义，集中体现在优化区域经济发展结构、影响区域经济发展要素等方面。所以，区域经济发展中，为有效提高计算机网络技术应用价值，需重视计算机专业人才的培养，并制定相关扶持政策，推动区域经济健康、可持续发展。

第六节 计算机技术的创新过程探讨

计算机技术从诞生至今还不到 70 年的历史，但是计算机技术给人类社会带来的改变却是有目共睹的。随着我国经济的快速发展，科技不断进步，计算机技术的不断发展，计算机的发展与运用给人们带来了很大方便，同时也对国家的科技发展起到促进作用。计算机的发展历程虽然没有太长，但技术的创新能力却是非常强大，从计算机的发展状况以及创新过程中我们可以看出，计算机的作用是不容小觑的。在经济、科技以及文化上，计算机在发达国家中的发展非常明显，要想赶上发达国家的脚步，就要进行计算机技术广泛使用，并且实现不断创新与发展。本节从计算机的发展以及创新上研究，主要强调计算机在未来的发展展望，以及提高人们对计算机创新技术的认知程度。并且展示了纳米、多媒体、软件等反面的计算机技术发展要点，希望对计算机今后的创新发展有所启迪。

计算机技术的快速发展与应用，是现代工作发展是主要标志，也是计算机技术融入人类社会中的标注，结合社会的需求发挥出自己的优势，给人们的日常生活提供便利。在技术丰富人们生活以及提高生产技术的同时，也让人类的建设发生巨大改变，特别是在计算机的创新技术发展上，让各个行业都能够进行深层次使用。计算机的优势有很多，它的创新能力强，自身的发展没有局限性，发展的趋势以及覆盖的面积都非常广，能够在各个领域使用，为人们提供各种各样的便利。在经济快速发展的社会中，要发挥计算机的优势，就必须从计算机的结构入手，通过对技术环节的突破来达到计算机运用最大效果。从纳米技术、网络、多媒体等环节来进行创新，实现计算机技术的有效发展。

一、计算机当前的发展情况

目前的计算机发·展侧重点在于纳米技术、结构等处理器上，想要做好计算机的推广与应用工作，就应该从这些技术出发，全面地掌握计算机技术的使用。在计算机结构层次方面，主要是对计算机技术的分割与重组，只有这样才能够提高计算机处理信息的能力。要通过计算机操作来提高计算机在传输过程中的运行速度与质量。在纳米技术上的处理，就应该开辟一个纳米技术在电子行业上的使用功能，在性能上不断提高它的能力，在计算机的未来发展中提供充分保障。在计算机的处理器技术上，主要是针对它的体积不断变小，不断地提高运算效率，在微处理器的发展中能够限制它的尺寸。当前的信息处理技术与速度已经达到了一个瓶颈，可以通过计算机的技术分割与重组来让数据得到更好的处理，在每个分割的数据段当中加入信息，在标识的数据发送之后，就可以对数据进行传输，这样才能够提高数据的通信效果。

二、计算机的未来发展趋势

纳米技术的不断发展。纳米实际上是一个长度单位，在计算机技术中融入纳米技术能够开辟新的结构功能，从质量上进行提升。实现结构与功能的共同进步，集成度大量提高，在性能不断发展的基础上，形成计算机未来发展的保证。在未来的计算机领域发展中，计算机的元件基本还是采用纳米技术，不仅能够打破电子元件本身存在的局限性，还能够制造一些与生物相关联的量子计算机，实现计算机性能不断发展的可能性。计算机的性能不断创新与发展，是未来的计算机发展主流，纳米技术是不会受到计算机技术的限制，不管是在集成还是处理过程中纳米技术都可以正常进行，还能够实现生物计算机与量子计算机的储存能力提高、运行速度提高的想法。

计算机在结构上不断创新。结构是计算机的灵魂，也是计算机取到发展与突破的重要环节。计算机结构技术主要是对计算机的数据进行分割与重组，这样的方式能够提高计算机的数据处理能力。结构是具有很大优势的，能够对机体中的数据进行标记，通过这些标记来提高数据传输的准确性。一台计算机进行多种任务的分配，可以提高用户与计算机之间的关联，实现较大程度的合作。这样计算机的研究方向就可以从单体到群体过渡，增加计算机系统的可靠性，对于计算机计算的改善与创新具有重大意义。

网络技术以及软件技术有新的突破与发展。未来的计算机技术与网络技术的关系必然是越来越紧密的。计算机技术在网络上的发展主要体现在计算机与网络之间的结合，形成网络云技术，促使网络与计算机技术之间的合作更加紧密，使计算机的数据与网络软件在服务器中运作更加方便。软件技术上的突破对计算机发展有很大作用，可以从内部的软件运行上进行完善，还能够从计算机的程序语言中进行改革，运用互联网的通信新技术，来协调计算机中的各项工作，促使在不同区域、不同领域的人使用的网络都能够相互联通，进行协调合作。微处理器是计算机的大脑，是计算机的核心体系。微处理器从字面上理解就是越小越好，所以它的发展是不断地减小其体积，提高运行的效率。微处理器是实现了量子效益，从速度上去展现信息的处理技术。

计算机网络技术的创新与发展。推动计算机的网络创新能力发展，能够推动计算机的发展。要先对计算机的发展稳定性、显著性以及便捷性进行判断，才能够有效地进行计算机技术提升，不断地让计算机技术达到科学合理利用，并且让计算机技术与企业发展进行紧密结构，把传统的计算机技术发展与创新理念相结合，实现计算机技术的跨越发展。计算机的创新是一个持续的过程，不仅要推动计算机的创新文明发展，还要进行科技产品的创新。推动与企业相匹配的计算机创新技术，充分地根据社会进步来发展计算机技术，计算机的发展也是建立在社会需求上的。

综上所述，从当前计算机发展的情况看，还不到 70 年的光阴，计算机技术虽然没有经过漫长的发展历史，但创新能力是不容小看的。短暂的时光影响了无数人的生活。本节从计算机的技术发展现状以及未来的发展预测，来证明计算机的发展前途是一片光明的，道路虽然没有那么顺畅，但依然具有很大的发展潜力。要想看到计算机发展的曙光，就要从计算机的结构框架出发，从任何一个方面去进行分析改革，为计算机未来的发展奠定基础，设立新的起点与环节，让计算机技术的应用在未来能有广大的跨越。计算机的发展道路是非常广阔的，但前路还是充满艰辛的，如果要看到光明的前景与价值，还需要更多的研究与创新。在研究的过程中，要加强计算机技术的创新与维护，建立相应的保障体系，在计算机技术的基础上进行改革，实现全面发展。

第五章　计算机技术应用

第一节　动漫设计中计算机技术的应用

在计算机技术不断发展的背景下，新的动漫制作软件应运而生，动漫产业中，计算机得到了进一步的应用。动漫技术作为动漫制作行业中不可或缺的关键因素，需要计算机技术来支持方可提升动漫制作水平和效率。现如今，动漫工作人员必须首先学好计算机技术才能步入动漫产业，比如，需要学习如何运用三维立体显示技术、如何运用三维成像技术等。我国计算机技术的应用和发展与发达国家相比仍然存在较大的差距，为此，需要不断提升我国相关工作者运用和研发计算机的能力。

一、动漫产业发展概况

世界上三个国家的动漫产业发展比较好，市场份额比较高。第一位是美国，20 世纪 90 年代，美国动漫出口率已经高于其他传统工业，可以说世界上很多国家的动漫发展都深受美国影响；第二位是日本，日本动漫产业非常发达，仅次于美国，其中动漫游戏出口率远远超出了钢铁企业，对日本国民经济发展起到了非常重要的作用；第三是时韩国，虽然韩国动漫与美国、日本相比，还有一定的差距，但却远远在中国之上，其动漫产业是国民经济的第三大产业。

我国的动漫产业相对发展较晚，目前还在不断地摸索探寻过程中，这也说明我国的动漫产业有着非常良好的发展空间。我国相关部门出台了很多支持政策来推动我国动漫产业的发展。我国的动漫产业在多方努力下也取得了较快的进步，但是我们仍然要有清醒的自我认识，要朝着发达国家先进的动漫产业发展方向不断努力前进。就现实情况来看，我国动漫产业有待解决的问题有很多，比如，动漫创作理念陈旧，一直深受传统理念制约，过于注重教育功能，因此比较适合儿童观看，而青少年以及成年人受众非常少，所以这部分市场份额有待开发；我国动漫产业发展情况一直滞后于精神文化发展，无法满足市场需求，所以我国有很多动漫产品出现了滞销的问题；除此之外，最为严重的问题就是我国动漫企业创新比较差，绝大多数产品都没有创新性，而研发动漫产品的企业也没有品牌意识，所以我国的动漫公司通常企业规模都不是很大，也难以实现扩大再生产。

二、计算机技术在动漫领域中的应用

（一）动漫设计 3D 化

虚拟技术是动漫设计中重要的技术之一。所谓的虚拟技术，就是有机结合艺术与计算机技术，在动漫设计中使用计算机技术设计出三维视觉，在这种情况下，动漫画质得到了质的突破，观看者可以享受更加舒适、真实的动漫效果。此外，计算机技术可以改善图像形成结构。和传统的图像相比，3D 技术的应用对整个动画图像的显示效果进行了改善，计算机平台极大地推动了动漫产业的发展和进步，为动漫产业注入了新的活力。

（二）画面的真实性增加

传统的动漫设计中的画面处理常常会出现失真的情况，观看起来给人粗糙的感觉。计算机技术的应用提升了动漫设计画面的处理精细度，让画面的真实性提高。各物体在虚拟世界中有了更加独立的活动，计算机技术和动力学、光学等多门学科的综合运用促使画面设计的视觉效果更加真实，观看者可以看到更加真实完美的画质。

（三）三维画面自然交互

经过现实化处理后的三位用户感官能够形成清晰的三维画面，观看者在观看中如临其境，尤其是 4D、5D 技术的到来，为观看者创造了更加真实的视觉感受。计算机技术和数字技术不断的发展过程中，也创造了更加丰富多样的互动交流形式，其中，手语交流是人与虚拟世界自然交互的一种方式。在动漫产业中，自然交互形式可以说是一座里程碑，代表了动漫产业中计算机发展的一大成果。

三、计算机动漫设计技术发展

在现代信息科技时代，计算机以及各种软件发展更新的速度惊人，在工作、娱乐、生活中如何更好地应用计算机和各种软件已经成为各个行业的要求。在通信、电影等行业对计算机技术的依赖性不断增加，这些产业的未来发展情况从很大程度上受到计算机技术发展的影响。为此，计算机技术在未来将得到进一步地应用，各个行业也将更好地和计算机技术融合，相互推动和发展。对于动漫产业来讲，计算机技术在我国动漫中仍然有着非常大的发展和应用空间，但是仅仅依靠计算机技术无法有效提升动漫产业发展效果。在动漫制作中，我们要以对待艺术品的态度对待动漫制作，充分尊重动漫题材所要表达的思想，赋予动漫灵魂和感情，用计算机辅助技术细化画质，丰富动漫人物的表情、色彩，让观看者可以更好地理解动漫所要传达的思想，拥有更加舒适的体验。

国民经济水平的提高促使人们对生活品质和娱乐等有了更高的要求，动漫产业作为生活娱乐中的重要组成内容，需要为国民提供更好的服务。在计算机技术的应用下，动漫产业在近些年得到了很快的发展，随着计算机和相关软件的不断发展，相信我国动漫产业将会迎来新的春天。本节重点对动漫设计中计算机技术的应用进行了分析，并且对计算机和动漫产业未来的发展做出了展望。

第二节　嵌入式计算机技术及应用

随着科学技术的迅速发展，数字化、网络化时代已经到来，而嵌入式计算机技术及其应用逐渐被各行各业高度关注，它已经广泛运用到科学研究、工程设计、农业生产、军事领域、日常生活等各个方面。本节就嵌入式计算机的概念和应用、现状分析、未来展望三个方面进行探讨，让读者更加深入地了解嵌入式计算机。

由于微电子技和信息技术的快速发展，嵌入式计算机已经逐渐渗入我们生活的每个角落，应用于各个领域，为百姓提供了不少便利，也带来了前所未有的技术变革。人们也对此技术不断深入研究，希望挖掘它所创造的无限可能。

一、嵌入式计算机的概念和应用

（一）嵌入式计算机的概念

从学术的角度来说，嵌入式计算机是以嵌入式系统为应用中心，以计算机术为基础，对各个方面如功能、成本、体积、功耗等都有严格要求的专用计算机。通俗来讲，就是使用了嵌入式系统的计算机。

嵌入式系统集应用软件与硬件于一体，主要由嵌入式处理器、相关支撑硬件、嵌入式操作系统以及应用软件系统组成，具有响应速度快、软件代码小、高度自动化等特点，尤其适用于实时和多任务体系。在嵌入式系统的硬件部分，包括存储器、微处理器、图形控制等。应用软件部分包括应用程序编程和操作系统软件，但其操作系统软件必须要求实时和多任务操作。在我们的生活中，嵌入式系统几乎涵盖了我们所有使用的电器设备，如数字电视、多媒体、汽车、电梯、空调等电子设备，真正做到无人不在使用嵌入式系统。

但是，嵌入式系统却和一般的计算机处理系统有区别，它没有像硬盘那么大的存储介质，存储内容不多，它使用的是闪存（flash memory）、eeprom 等作为存储介质。

（二）嵌入式计算机的应用

1. 嵌入式计算机在军事领域的应用

最开始，嵌入式计算机就被应用到了军事领域，比如，它在战略导弹 MX 上面的运用，很大程度上增强导弹击中目标的速度和精准性，对此，主要就是运用抗辐照加固未处理机。在微电子技术不断发展的情况下，嵌入式计算机今后在军事领域的运用只会增多。

2. 嵌入式计算机在网络系统的应用

众所周知，要说嵌入式计算机在哪方面运用最多，那便是网络系统了。它的使用可以让网络系统环境更加便捷简单。如在许多数字化医疗设施中，即便是同样的设计基础，但是仍然可以设立不一样的网络体系，除此之外，这种方法还可以大大减少网络生产成本，也可以增加使用寿命。

3. 嵌入式计算机在工业领域的应用

嵌入式计算机技术在工业领域方面的运用十分广泛，既可以加强对工程设施的管理和控制，又可以运用这种技术对周边状况以及气温进行科学掌握，这样一来，可以确保我们所用设施持续运转，也可以达到我们所想要达到的理想效果。

除了以上三种应用方面，还有很多领域都要运用到嵌入式计算机，如监控领域、电气系统领域等，这项技术给人们带来的成果无法估量。

二、嵌入式计算机的现状分析

嵌入式系统概念最开始被提出来的时候，就获得了时不错的反响，它以其高性能、低功耗、低成本和小体积等优势得到了大家的青睐，也得到了飞速的发展和广泛应用。但是当时技术有限，嵌入式系统硬件平台大多都是基于 8 位机的简单系统,但这些系统一般都只能用于实现一个或几个简单的数据采集和控制功能。硬件开发者往往就是软件开发者，他们往往会考虑多个方面的问题，因此，嵌入式系统的设计开发人员一般都非常了解系统的细节问题。

然而随着技术的逐渐发展，人们的需求也越来越高，传统的嵌入式系统也发生了很大的变化，没有操作系统的支持以及成为传统的嵌入式系统的最大缺陷，在此基础上，设计师们绞尽脑汁，扩大嵌入式系统使用的操作系统种类，可分为商业级的嵌入式系统和源代码开放的嵌入式操作系统。其中使用较多的是 Linux、Windows CE、VxWorks 等。

三、嵌入式计算机的未来发展

目前嵌入式系统软件在日常生活的应用已经得到了大家的认可，它不仅可以加快我国的经济发展，还可以实现我国当前的经济产业结构转型。但继续向前发展仍然需要技术人员的不断努力，在芯片获取、开发时间、开发获取、售后服务等方面，也需要加强，很多大型公司也在尽力研究高性能的微处理器，这无疑为嵌入式计算机的发展打下了良好的基础。

由于嵌入式计算机的用途不一，对硬件和软件环境要求差异极大，技术人员也在想办法解决此问题，目标是推进嵌入式 OS 标准化进程，这样会向更多大众所适应的那样，更加方面地裁剪、生产、集成各自特定的软件环境。但值得肯定的是，在嵌入式计算机未来的发展中，会被越来越多的领域所运用，它将渗入我们生活大大小小的方面。

总而言之，在科学技术不断发展的情况下，嵌入式系统在计算机的运用已经逐步占据了我们的生活，融入我们的日常。嵌入式系统不仅有功能多样化的特点，形态和性能也足够巧妙，还为我们带来了一定的便捷，对计算机的损耗也大大减少，也大大提高了计算机的稳定性。嵌入式计算机改变了以往传统计算机的运行方式，拥有更多优点和功能。综上所述，嵌入式计算机使我国的科技发展向前迈进了很大一步，也让计算机技术有了很大的提高。对于未来，嵌入式计算机的作用和价值会超乎我们的想象。

第三节　地图制图与计算机技术应用

计算机技术的高速发展，极大地推动很多行业的全面发展，其中就有地图制图领域，该领域逐步地实现数字化转变和应用。地图制图与计算机技术融合起来，可以更好地提升工作的效率和数据的精确度。本节具体分析当前地图制图环节中的主要理论，然后了解该领域与计算机技术的融合应用，希望可以更好地促进地图制图领域的全面发展。

一、地图制图概论

（1）地图制图通常也可以叫作数字化地图制图，这是在计算机技术融合所改变的，按照这种方式，也可以称之为计算机地图制图。在实践操作中，在原有地图制图的基本原理基础上，应用计算机技术辅助进行，同时也融合了一些数学逻辑，可以更好地进行地图信息的存储、识别与处理，最终可以实现各项信息的分析处理，再将最终的图形直接输出，可以大大提升地图制图工作效率，数据的精确度也更高。

（2）要想综合地掌握数字地图制图，就应该充分地了解和分析数字地图制图所经历的过程。从工作实践分析，数字地图制图主要可以分成四个步骤。首先，应该充分地做好各项准备工作。数字地图制图准备阶段，和传统的地图制图准备工作是相似的。为了保证准备工作满足实际工作需要，还需要应用一系列的编图工具，并且对于各项编图资料信息进行综合性的评估，进而可以选择使用有价值的编图资料。按照具体的制图标准，应该合理地确定地图具体内容、表示方法、地图投影，还要确定地图中的比例尺。

其次，做好地图制图的数据输入工作。数据输入就是在地图制图时将所有的数据信息实现数字化的转变，就是将各项数据信息，包含一些地图信息直接转变成为计算机能够读取的数字符号信息，进而可以更好地开展后续的操作。在具体的数据输入环节，主要是将所应用的全部数据都输入到计算机内，也可以选择使用手扶跟踪方式来将数字信息输入到计算机内。

再次，将各项数据编辑与符号化工作，在地图制图工作环节，将各项数据都输入到计算机系统内，然后将这些数据实现编辑与符号化处理。为了能使得这些工作可以高效、准确的完成，必须要在编辑工作前进行严格的检查，保证各项输入的数据都能够有效地应用，且需要对各项数据进行纠正处理，保证数据达到规范化的标准。在保证数据信息准确无误之后，就要进行特征码的转换，然后是进行地理信息坐标原点数据的转化，统一转变成为规定比例尺之下的数据资料，且要针对不同的数据格式进行分类编辑工作。上述工作完成之后，就要进行数据信息编制，在该环节，要对数据的数学逻辑处理，变换相应的地图信息数据信息，最终获取相应的地图图形。

（3）地图制图的技术基础。要想全面地提升地图制图工作效率和质量，最为关键的技术就是计算机中的图形技术。将该技术应用到实践中，就能够满足地图抽象处理的需要。此外，计算机多媒体等先进的技术也可以应用到实践中，从而满足地图制图工作的需要。

（4）地图制图系统的构成。在地图制图系统的应用过程中，需要由计算机的软硬件作为支持，同时还需要各种数据处理软件，这是系统的主要组成部分。

二、地图制图与计算机技术的应用

地图制图技术所包含的内容比较多，从实际情况分析，包含地图制作与印刷、形成完善的图形数据库。地图图形的应用和数据库联系起来，可以更好地展示出地图图形，然后再应用到数据库中进行显示、输入、管理与打印等工作，最终可以输出地图信息。地图制图系统除了上述几个方面的应用外，还能够使用到城市规划管理、交通管理、公安系统的管理等方面，同时还能够应用到工农矿业与国土资源规划管理过程中，所发挥出的作用是巨大的。

比如，将地图制图技术应用到计算机系统之后，然后进行城市规划的管理与控制，可以更好地实现地图信息的数字化转变，并且将各项地图数据信息直接录入到数据库内，并且将制作完成的数据库信息，就能够开始对城市规划方案进行确定，且能够实现输入、接边、校准等处理，最终直接形成城市规划数字化地图形式。将该制作完成的数字化图形再次利用到数据库信息来进行各项数据的管理，从而可以满足系统的运行需要。为了能够使得城市规划地图制图工作可以有序地开展，还应该根据实际工作的需要建立城市地形数据库信息，数据库中包含了完善的城市地形相应的数据信息，具体就是用地数据、经济发展数据、人口分布数据、水文状态数据等方面，再应用SQL查询，给城市规划决策的制定提供良好的基础。

例如，在某行政区图试样图总体图像文字处理的过程中，采用 Mierostation 进行图形制作，然后使用 Photoshop 进行图像处理，通过处理的图像文字采用 Corel Darw 及北大方正集成组版软件组版。在该过程中，图形制作是测绘生产部门首要解决的问题，在实践中，彩色图和画线地图不同，需要对它的线状要素考虑，还需要考虑面状要素普染颜色及层分布问题。故而，通过计算机技术的应用，能够全面地满足以上问题的叙述要求，大大地提升了地图制图的效率。

数字化地图能够使用的范围是比较大的，除了上述几个方面之外，还可以应用到商业、银行、保险、营销等领域。比如，数字化地图在银行工作中的应用，可以充分地了解银行网络在城市、农村等地区的分布情况，此时可以根据实际情况来确定银行设置的网点，给银行管理者确定发展规划提供有力的支持，促进银行发展。

综上所述，地图制图与计算机技术有效地融合到一起，能够更好地实现数字化转变，可以更好地提升应用效果。该技术的应用是比较广泛的，各个领域的发展都能够起到积极的推动作用，使得城市发展前景更加宽阔，极大地推动社会的发展和进步。

第四节　企业管理中计算机技术的应用

随着科学技术的高速发展，互联网技术以及计算机技术也在快速发展着，并且已经深入学校教学、企业办公和人们的日常生活当中。计算机技术在企业中越来越深入，作用也日趋加深，变得不可替代。虽然我们已经将计算机技术不断加强改进，运用到企业的管理当中，但是未来计算机仍旧具有发展空间。本节就对企业管理中的计算机技术的应用进行研究探讨。

计算机技术的开发与使用对于企业管理来说打开了一个新的思路。在计算机技术的辅助下，企业管理的质量和效率都得到了很大的提高。所以，企业也越来越意识到计算机技术对于企业运营的重要性，并且也都加入到了使用计算机技术完成企业管理工作的队伍中。但如何更好地在企业管理中发挥计算机技术的作用还需要进一步研究探索。

一、计算机技术的优点

近些年来，随着科学技术的不断发展，计算机技术与互联网技术的发展势头迅猛。把计算机技术运用到企业中可以提高工作效率、增强企业的综合竞争力，而互联网的产生又催生了新型的企业模式，即互联网公司。可以说，计算机技术的应用使企业的管理更加稳定，计算方法更加简单、便捷。各大企业将计算机技术广泛地应用到企业日常的管理和计算中，节约了企业的人力和物力的支出，这就相当于为企业节约了运营成本。虽然节约成本也是计算机技术的另一大优势，但把计算机技术运用到企业中也绝不仅仅只有这些优点。

计算机技术在企业管理中具有系统性管理和动态性管理的特点，互联网的应用又可以使企业能够对项目的情况和进展做到实时监控和管理。这种实时的监控以及管理能够有效提高工作效率，将项目的进度和现场情况实时反馈给企业的管理层，让企业了解项目的情况，及时对方案和进度做出调整指示，还能够提供更多的资金周转时间，让企业的管理层成员了解企业的运营情况，为企业争取更大的利益。

随着现代经济的高速发展，企业想要跟上经济形势，就必须具备一个移动的办公室。这个办公室可以随时随地进行操作和计算，及时掌握企业经营状况，传统的企业管理方法根本无法做到这一点。然而，计算机技术却可以帮助企业解决这一困难。在这种管理方法和管理模式之下，企业的管理层可以随时对企业进行监督、查询和远程指导。这样既帮助企业节省了人力、物力、财力，又保证了数据的安全性，使企业在管理上能够更加科学化、现代化。这些优势可以使企业在管理中更加高效、简洁，从而提高企业的综合竞争力。

二、企业管理对于计算机技术的要求

第一，降低计算机技术成本。企业运营的目的就是盈利，所以企业在计算机技术方面的要求第一个就是成本问题。企业希望计算机技术可以在企业的管理运营中带来经济效益，但同时又能够降低计算机技术的成本，减少企业的经济支出，增加利润。

第二，提供稳定的平台和处理方式。人事和行政两个部门，一般都需要处理一些细节性的事情，包括数据的整理等。但是这些工作往往需要耗费大量的人力资源，不仅耗费时间和精力，而且对于企业来讲，这样的工作方法根本就没有什么效率可言。工作效率低下会使企业的管理层不能及时正确地接收内部的信息，致使管理者做出不恰当的决策。企业的管理和战略决定着这个企业的未来发展，其需要稳定的平台和有效的处理方式。这就需要计算机技术利用自身的稳定性和有效性解决企业管理中的这一难题。

第三，信息数据的安全性。企业的基本管理包括人力资源管理、生产材料分配、生产进程、项目进度、财务管理等内容。涉及这些方面的数据以及信息对于企业来说都是非常重要的资料，所以一定要保证它们的安全性。这就需要计算机技术通过自身的优势来帮助企业实现这一愿景。

三、计算机技术在企业管理中的应用

（一）计算机技术在财务方面的应用

财务部门对于企业来说是一个核心部门，财务的数据信息能够直观地反映出企业的经营状况。传统的财务管理存在费时费力的问题，并且还不能够及时准确地接收市场的一些动态信息，不能够保证持有信息的安全性，这也给企业埋下了信息安全隐患。但是计算机技术的应用改变了传统财务管理的方式方法，不再需要费时费力地整理大量的财务数据，可以运用计算机技术的运算系统来完成。并且在信息传递方面，能够及时准确地将信息传递给相关人员，不会因为人力、物力的匮乏，造成信息的延迟传递现象，避免给企业带来经济损失。计算机技术在财务管理方面的应用能够及时反馈实时信息，让领导在做决策时根据当前的环境给出恰当的判断和决定，提高了企业的工作效率。

（二）计算机技术在人力资源方面的应用

在传统的企业管理模式当中，人力资源管理主要就是掌控和管理信息。当人力资源部门面对大量的数据以及信息的时候，就需要大量的人力和物力对这些信息进行分类整理，耗时、耗力。但是运用计算机技术之后，就可以简单快速地将这些数据进行分类和统计，不用再像以前一样需要那么多的人力和物力。况且，人工整理也很有可能因为个人的状态问题或者其他的因素对数据的整理、统计产生偏差。但是计算机技术就可以有效地避免这一点，提高了工作效率，节省了人力资源工作成本。

（三）计算机技术在企业资源管理方面的应用

企业的资源管理包括人力资源管理、生产物料管理、财务信息管理、企业运营活动等。资源的安全性对于企业来说非常重要，它关系着企业是否能够正常经营，完成生产和销售环节，是企业的发展命脉以及生产经营的基本保障。计算机技术的安全性是毋庸置疑的，它能够有效地解决企业资源管理的信息安全问题。计算机技术还可以帮助企业更有效地分类和整理信息，对于库存的信息也能够及时登记，协助企业的领导层更好地进行组织活动。

（四）计算机在企业生产方面的应用

在现代的生产类企业当中，新产品的研发需要投入相当大的人力、物力和财力。为了增强企业在整个市场当中的综合竞争力以及核心优势，企业的研发人员可以使用计算机技术来完成新产品的开发。这样可以节约大量的人力成本和研发资金的投入，从而有效地为企业节约成本。

四、计算机技术在企业管理中存在的问题

（一）对计算机技术的重视度不够

由于客观条件的影响，人们的思想还没有跟上经济发展的步伐，对于计算机技术的认识还未达标。对于一大部分企业来说，管理层多为年纪较大的人员，所以他们对于新鲜事物的接受和适应能力较差。很多企业的管理层并没有认识到计算机技术对于企业管理的重要性，更没有认识到计算机技术能够为企业带来良好的经济效益。领导者在企业的发展中扮演着至关重要的角色，他们的态度影响着企业管理和经营的模式。他们对于计算机技术的不理解、不支持，也直接导致企业对于计算机技术的不重视。计算机技术的优势在这样的企业中难以发挥，而企业的宝贵资源也会被浪费。

（二）没有明确的发展目标

计算机技术的高速发展在一定程度上也推动了企业管理的发展，但在我国的大部分企业中并没有制定明确的基于计算机技术之上的企业发展目标。由于没有指导思想，企业管理的发展也受到了不同因素的制约。还有一些企业不太相信计算机技术在企业管理方面的优势，对于这一切还持有观望的态度。这也导致部分企业还是倾向于传统式的企业管理，其不仅影响了企业的办公效率，也阻碍了企业综合竞争力的提高。

五、计算机技术在企业管理中的改善措施

（一）提高对于计算机技术的认识水平

首先，需要帮助领导者认识到计算机技术在企业管理中的优势和作用，使领导者在企业管理中对于运用计算机技术持有支持的态度，进而为基于计算机技术的企业管理创造良好的条件。其次，企业的领导者应该有意识地学习关于计算机技术下的企业管理知识，然后安排公司进行培训，让企业员工都能够掌握计算机

技术，以及认识到计算机技术对于企业管理的重要性。计算机技术只有得到领导层和员工的一致认可，才能有效促进企业管理水平的提高，最终达到提高企业的工作效率，避免资源浪费，降低成本，增强企业综合竞争力的目的。

（二）制定明确的发展目标

明确的发展目标为基于计算机技术的企业管理指明了道路。有了指导思想才能够更好地发展计算机技术，使计算机技术在企业管理方面发挥它的优势。对于一些中小型企业来说，其计算机技术发展目标大体上可以确定为提高企业的工作效率，降低企业的运营成本，节约资源等；对于大型企业来说，将计算机技术应用到企业管理当中，应该达到增强企业自身的核心竞争力，提高企业在市场中的综合竞争力的目的。

计算机技术对于企业管理来说有着至关重要的作用。它能够简化企业管理的方式、提高企业的工作效率、降低企业的运营成本，科学有效地管理企业。只有重视计算机技术在企业管理中的应用，才能最大限度地发挥出它的作用，在提高企业效益的同时让企业在市场竞争中站稳脚跟。

第五节 计算机技术应用与虚拟技术的协同发展

随着我国科技的不断发展，虚拟技术出现在了人们的生活当中。虚拟技术的到来不仅在极大的程度上给人们的生活带来了便捷，而且在一定程度上推动了我国社会经济的发展。虚拟技术主要指的是一种通过组合或分区现有的计算机资源，让这些资源表现为多个操作环境，从而提供优于原有资源配置的访问方式的技术。虚拟技术作为一种仿真系统，其生成的模拟环境主要是依靠计算机技术进行的。随着我国现在计算机技术的进一步发展，虚拟技术已经成为信息技术中发展最为迅速的一种技术。本节也将针对计算技术应用与虚拟技术的协同发展进行相关的阐述。

一、虚拟技术的概述与特征

（一）虚拟技术的概述

随着我国科技的不断发展，人们逐渐进入了信息时代。在信息时代，信息技术的发展变得越来越迅速，在这种情况之下，虚拟技术营运而生。对于虚拟技术而言，虚拟技术的基础组成部分主要可分为三个方面，分别是：计算机仿真技术、网络并行处理技术以及人工智能技术。这三种技术作为组成虚拟技术的重要部分，是虚拟技术不可缺少的。此外，虚拟技术除了不能缺少这三个基础之外，更是需要借助计算技术对其进行辅助，因为只有计算机技术的辅助，虚拟技术才能进行事物模拟。为了能够让虚拟技术在计算机技术中得到更好的应用，相关人员除了需要不断对其进行研究之外，更重要的是在计算机信息技术快速发展的过程中，对计算机技术的发展历程进行研究。

（二）虚拟技术的特征

上述针对虚拟技术的概述进行了相关的阐述，总的来说，虚拟技术给人们生活带来的好处是毋庸置疑的，而为了让虚拟技术在今后得到更好的发展，以及对虚拟技术有足够的认识，相关人员就需要加大对其的研究。对于虚拟技术而言，由于虚拟技术是在网络技术、人工智能以及数字处理技术等多种不同信息技术中发展起来的一种仿真系统。所以虚拟技术也将拥有着许多的特征。本节将通过以下三个方面，对虚拟技术的特征进行相关的阐述。一是，虚拟技术有着良好的构想性。所谓构想性，指的就是使用者借助虚拟技术，从定量与定性的环境中去获得理性的认识，在获取的过程中所产生的创造性思维。虚拟技术之所以具有良好的构想性，其原因主要是，虚拟技术能在一定程度上激发使用者的创造性思维。二是，虚拟技术的交互性。虚拟技术作为一种人际交互模式，在使用时，所创造的一个相对开放的环境。虚拟技术的交互性主要指的是，使用者利用鼠标与电脑键盘进行交互，除此之外，使用人员也可利用相关设备进行交互。在交互的过程当中，计算机会对使用者的头部、语言以及眼睛等动作进行调整声音与图像。三是，虚拟技术具有沉浸性。对于虚拟技术而言，虚拟技术主要的工作原理是，通过计算机技术来构建一个虚拟的环境。虚拟技术所创造出的环境与外界环境并不会产生直接性的接触，由于虚拟技术所创造出的环境有着很强的真实性，所以使用者在体验的过程中就会沉浸其中，正是因为虚拟技术拥有良好的沉浸性，可以吸引使用者的注意力，所以现如今虚拟技术已经被逐渐运用到了各个领域当中。

二、虚拟技术在计算机技术中的应用

通过上述可以了解到，虚拟技术的特征将给人们的生活带来更大的益处，针对虚拟技术，相关人员更是需要对其加以研究，使之在今后得到更好的发展。当然，在时间的不断推移之下，虚拟技术在计算机技术中的应用也变得越来越广泛。自我国第一台计算机诞生之后，我国计算机技术的发展速度就变得越来越快，计算机技术的迅速发展，也使得新型计算机应运而生。现在市面上的计算机已经变得十分轻薄，且拥有着许多智能化的功能。虽然目前我国的计算机普遍都已经智能化，但在计算机技术智能化发展的过程中，传统计算机却面临了许多严峻的挑战。针对这些严峻的挑战，相关人员也采取了许多解决措施，其主要表现在以下几点。一是，相关人员首先在计算机研发原理上进行了突破，且在虚拟技术上取得了较快的发展，尤其是多功能传感器相互接口技术在虚拟技术中的作用变得越来越突出。二是，对计算机性能与智能化性能进行了优化升级，在计算机性能与智能化性能的不断优化升级过程中，虚拟技术对其起到了十分积极的作用。将如今的计算机人机界面与传统的人机界面相比较，可以明显看出，虚拟技术很多方面都取得了进步。

三、计算机技术应用与虚拟技术的协同发展

随着我科技的不断发展，多媒体技术出现在了人们的生活当中，并得到了人们的广泛应用。对于多媒体系统而言，多媒体系统作为计算机技术应用中的一种，利用多媒体会议系统，可以将多媒体技术、处理以及协调等各方面的数据，如程序、数据等的应用共享，创造出一个共享的空间。此外，多媒体系统也可以将群组成员音频信息与成员视频信息进行传输，这样不仅可节省许多时间，而且方便成员之间相互传递信息。

总而言之，随着我国经济的不断发展，虚拟技术随之出现在了人们的生活当中，虚拟技术与计算机技术是密不可分的，通过对计算机技术应用与虚拟技术的

协同发展的阐述，可以知道，想要虚拟技术得到更好的发展，就需要对计算机技术以及相关应用加以研究。

第六节　数据时代下计算机技术的应用

本节在数据时代的背景下，探讨如何科学、合理运用计算机技术为企业服务，这也是当前人们研究的重点问题。基于此，主要分析了数据时代下的计算机技术的应用关键，期望能够对有关单位提供参考与借鉴。

自 20 世纪八十年代以来，全球信息技术快速发展，特别是 Internet 网的出现和普及，让信息技术迅速地渗透到了社会各个角落，也标志着全球信息社会的成型，信息化成为人们追求的实际潮流。在数据时代下想要满足计算机技术的应用要求，就需要对计算机信息处理技术进行研究分析。

一、数据时代下的计算机信息处理技术研究

（一）计算机信息采集技术和信息加工技术的研究

在数据时代发展背景下，有关工作人员想要有效地将计算机信息处理技术进行创新发展，就必须根据其发展现状与存在的问题研究出一些有效策略，首先，需要对计算机信息采集技术进行全面的改善创新，将原本存在的不足之处弥补，要明白计算机信息集采技术不单纯是进行信息数据的收集、记录以及处理等工作，还要对信息数据进行有效的控制监督，将所收集到的相关信息书籍全部记录在案，纳入数据库中；其次为了符合数据时代下计算机技术的应用发展，必须要加强对计算机信息加工技术的研究创新工作，必须要按照用户的需求对不同种类信息数据进行加工，然后在加工完成后传输给用户，从而为计算机信息处理技术提供足够的基础，让整合计算技术应用得到有力的保障。

（二）计算机信息处理技术研究

在以前，信息数据网络都是通过计算机来进行信息数据的收集、记录以及处

理等工作，所具有的操作空间较小，使得计算机技术的应用受到了一定限制，而在数据时代的发展背景下，可以通过云计算网络来开展一系列工作，让计算机技术应用的操作空间变得越来越大，而计算机信息处理技术在数据时代下所展现出的优势也逐渐明显，被人们所重视。

（三）计算机信息安全技术的研究

在数据时代，可以从三个关键点对其进行计算机信息安全技术的提升：

（1）传统的计算机信息安全技术已经无法紧跟时代的发展步伐，满足不了人们对于计算机技术应用的需求，因此必须要不断地研发新的计算机信息安全技术产品，为数据时代下的计算机信息数据带来有效的安全保障。

（2）相关工作人员在研究新的计算机信息安全技术产品时，必须要健全完善计算机安全性系统，构建出一个科学合理且有效的计算机安全体系，并且在这个过程中必须要保证资金的充足，加强对有关人员的培训工作，争取为我国培养出具有专业性的优秀计算机技术人才，为我国的计算机信息安全技术研究工作做出更大的贡献。

（3）在数据时代下，我们必须要重视对信息数据的实时检测工作，因为数据时代下的信息数据种类繁多，且信息量非常大，如果在信息数据进行收集、记录以及处理等工作时没有实施检测，那么极有可能出现安全隐患，所以必须要有效地运用计算机技术，对信息数据进行实时检测，确保这些信息数据具有足够的安全可靠性。

二、数据时代下计算机信息技术系统平台的构建研究

（一）构建虚拟机与安装 Linux 系统

在数据时代，计算机所应用的 Linux 系统是当前最新的版本，在对其进行构建时，必须要重视静态 IP、主机名称等因素，在一定的程度下，想要在 IBM 服务器中创建出独立虚拟机，必须要为其打造出一个具有极强操作性的系统，当本地镜像晚间建立后就可以进行 Linux 系统的安装，并且在这个过程中一个服务器是可以安装两个甚至更多的虚拟机的。通过这样的方式不仅能够提升虚拟机与安装 Linux 系统的构建效果，还能为构建工作节约大量的时间。

（二）计算机服务器硬件以及其他方面的准备工作

在进行计算机信息技术系统平台的构建时，需要注意计算机服务器硬件的基础条件，在计算机服务器硬件中是需要多个 IBM 服务器的，在安装完成后还要对其进行检测，确保这些 IBM 服务器能够安全稳定地运行，其他方面的工作主要是对静态 IP 以及相关系统的构建以及检测工作，确保其性能，使得整个运行具有安全性和可操作性。

（三）Hadoop 安装流程分析

在完成前面的工作以后，就可以进行 Hadoop 安装工作，在进行 Hadoop 安装时，必须要为其配置相关文件，然后在相关文件配置后，开始 JAVA 的安装工作以及 SSH 客户端登录操作，在这个过程中还可以合理地运用命令安装，在安装完成后必须要设置相关的密码（包括登录密码、无线密码等）。必须要让逐渐点生成一个密钥对，要将密钥进行公私划分。还要把公钥复制在 slawe 中，把相关的权限调整为对应的数据信号，在今后就能够迅速且精简地进行密钥对，使得公钥追加授权的 key 程序中，最后再通过一系列的操作使得 Hadoop 的安装流程变得简单易操作。

三、数据时代下的计算机信息收集技术研究

（一）数据采集技术

在大数据出现之前，尽管大家都知道普查是了解市场最好的一种调查方式，但由于普查范围太广、成本太高，因而导致企业难以进行有效的普查。而大数据的出现，从根本上改变了传统调查难以进行普查的局面。但在实际的调查工作中，需要根据任务目标，明确样本采集的总体，而其主要内涵是，通过企业自身产品定位，来确定具体的客户群体，并基于该类客户群体，实施市场调查。例如，针对汽车产品，首先要明确用户的使用场景和使用习惯，从而能够基本确定其消费层次。结合大数据，还能够了解到这类用户的年龄分布和消费习惯。在确定消费层次、年龄分布等信息之后，就能够有针对性地进行相应的市场调查。

同时，在进行数据采集的过程中，需要采用高效的数据采集工具。由于大数

据所具有的特点，实际的数据采集工作中，所需要面对的数据量巨大、所需要分析的内容和具体方面也非常多，所以采用必要的工具来进行数据收集，可以有效地提高数据采集的效率和分析效率。在数据采集中，可以通过日志采集的方法来实现。日志采集是通过在页面预先置入一段 javaScript 脚本，当页面被浏览器加载时，会执行该脚本，从而搜集页面信息、访问信息、业务信息及运行环境等内容，同时，日志采集脚本在被执行之后，会向服务器端发送一条 HTTPS 的请求，请求内容中包含了所收集的信息；在移动设备的日志采集工作中，是通过 SDK 工具进行，在 APP 应用发版前，将 SDK 工具集成进来，设定不同的事件、行为、场景，在用户触发相应的场景时，则会执行相应的脚本，从而完成对应的行为日志。

（二）数据处理技术

在完成数据的采集之后，相关数据质量可能参差不齐，也可能会存在一定的数据错误，因此在对大数据进行分析和利用之前，需要解决大数据的处理和清洗问题。在进行数据清洗过程中，可以通过文本节件存储加 Python 的操作方式进行数据的预处理，以确定缺失值范围、去除不需要字段、填充缺失内容、重新取数的步骤来完成预处理工作。其次要针对格式内容，如时间、日期、数值等显示格式不一致的内容进行处理，以及对非需求数据进行处理。通过删除不需要字段的方法，可以完成一些数据清洗工作，而针对客服中心的数据清晰，则需要进行关联性验证步骤。例如，客户在进行汽车的线下购买时预留了相关信息，而客服也进行了相关的问卷，则需要比对线上所采集的数据与线下问卷的信息是否一致，从而提高大数据的准确性。

（三）数据分析技术

数据分析直接影响到对大数据的实际应用。数据分析的本质是具有一定高度的业务思维逻辑，因此数据分析思路需要分析师对业务有相当的理解和较广的眼界。在进行数据分析时，首先要认同数据的价值和意义，形成正确的价值观。其次在进行数据分析时，要采用流量分析，及通过对网站访问、搜索引擎关键词等的流量来源进行分析，同时要自主投放追踪，如投放微信文章、H5 等内容，以分析不同获客渠道流量的数量和质量。数据分析的目的是为企业的决策提供依据，因此，进行数据分析时，需要通过报告的形式来对数据内容进行反映，在报告中，要明确数据的背景、来源、数量等基本情况，同时需要以图表内容来进行直观表现，最后需要针对数据所反映的问题进行策略的建议或对相关趋势的预测。

综上所述，在数据时代，计算机技术的应用应当学会创新发展，跟上时代的发展步伐与社会需求来充分地运用相关技术，将计算机技术在数据时代的作用发挥到最大。

第六章　人工智能概述

人工智能（Artificial Intelligence，AI）是20世纪50年代中期兴起的一门边缘学科，是计算机科学中涉及研究、设计和应用智能机器的一个分支，是计算机科学、控制论、信息论、自动化、仿生学、生物学、语言学、神经生理学、心理学、数学、医学和哲学等多种学科相互渗透而发展起来的综合性的交叉学科和边缘学科。

人工智能在最近几年发展迅速，已经成为科技界和大众都十分关注的一个热点领域。尽管目前人工智能在发展过程中还面临着很多困难和挑战，但人工智能已经创造出了许多智能产品，并将在越来越多的领域制造出更多甚至是超过人类智能的产品，为改善人类生活做出更大贡献。

第一节　人工智能概念和发展

一、人工智能的概念

智能指学习、理解并用逻辑方法思考事物，以及应对新的或者困难环境的能力。智能的要素包括：适应环境，适应偶然性事件，能分辨模糊的或矛盾的信息，在孤立的情况中找出相似性，产生新概念和新思想。智能行为包括知觉、推理、学习、交流和在复杂环境中的行为。智能分为自然智能和人工智能。

自然智能指人类和一些动物所具有的智力和行为能力。人类智能是人类所具有的以知识为基础的智力和行为能力，表现为有目的的行为、合理的思维，以及有效地适应环境的综合性能力。智力是获取知识并运用知识求解问题的能力，能力则指完成一项目标或者任务所体现出来的素质。

（一）什么是人工智能

人工智能是相对于人的自然智能而言的，从广义上解释就是“人造智能”，指用人工的方法和技术在计算机上实现智能，以模拟、延伸和扩展人类的智能。由于人工智能是在机器上实现的，所以又称机器智能。

精确定义人工智能是件困难的事情，目前尚未形成公认、统一的定义，于是不同领域的研究者从不同的角度给出了不同的描述。

N.J.Nilsson 认为：人工智能是关于知识的科学，即怎样表示知识、怎样获取知识和怎样使用知识，并致力于让机器变得智能的科学。

P.Winston 认为：人工智能就是研究如何使计算机去做过去只有人才能做的富有智能的工作。

M.Minsky 认为：人工智能是让机器做本需要人的智能才能做到的事情的一门科学。

A.Feigenbaum 认为：人工智能是一个知识信息处理系统。

James Albus 说：“我认为，理解智能包括理解：知识如何获取、表达和存储；智能行为如何产生和学习；动机、情感和优先权如何发展和运用；传感器信号如何转换成各种符号，怎样利用各种符号执行逻辑运算，对过去进行推理及对未来进行规划，智能机制如何产生幻觉、信念、希望、畏惧、梦幻甚至善良和爱情等现象。我相信，对上述内容有一个根本的理解将会成为与拥有原子物理、相对论和分子遗传学等级相当的科学成就。”

尽管上面的论述对人工智能的定义各自不同，但可以看出，人工智能就其本质而言，就是研究如何制造出人造的智能机器或智能系统，来模拟人类的智能活动，以延伸人们智能的科学。人工智能包括有规律的智能行为。有规律的智能行为是计算机能解决的，而无规律的智能行为，如洞察力、创造力，计算机目前还不能完全解决。

（二）如何判定机器智能

1. 图灵测试

英国数学家和计算机学家艾伦·图灵（Alan Turing）曾经做过一个很有趣的尝试，借以判定某一特定机器是否具有智能。这一尝试是通过所谓的“问答游戏”

进行的。这种游戏要求某些客人悄悄藏到另一间房间里去。然后请留下来的人向这些藏起来的人提问题，并要他们根据得到的回答来判定与他对话的是一位先生还是一位女士。回答必须是间接的，必须有一个中间人把问题写在纸上，或者来回传话，或者通过电传打字机联系。图灵由此想到，同样可以通过与一台据称有智能的机器作回答来测试这台机器是否真有智能。

1950 年，图灵提出了著名的图灵测试（Turing Test）。方法是分别由人和计算机来同时回答某人提出的各种问题。如果提问者辨别不出回答者是人还是机器，则认为通过了测试，并且说这台机器有智能。图灵自己也认为制造一台能通过图灵测试的计算机并不是一件容易的事。他曾预言，在 50 年以后，当计算机的存储容量达到 10^9 水平时，测试者有可能在连续交谈约 5 分钟后，以不超过 70% 的概率作出正确的判断。

“图灵测试”的构成：测试用计算机、被测试的人和主持测试的人。

方法：

（1）测试用计算机和被测试的人分开去回答相同的问题。

（2）把计算机和人的答案告诉主持人。

（3）主持人若不能区别开答案是计算机回答的还是人回答的，就认为被测计算机和人的智力相当。

1991 年，美国塑料便携式迪斯科跳舞毯大亨休洛伯纳（Hugh Loebner）赞助“图灵测试”，并设立了洛伯纳奖（Loebner Prize），第一个通过一个无限制图灵测试的程序将获得 10 万元美金。对洛伯纳奖来说，人和机器都要回答裁决者提出的问题。每一台机器都试图让一群评审专家相信自己是真正的人类，扮演人的角色最好的那台机器将被认为是“最有人性的计算机”而赢得这个竞赛，而参加测试胜出的人则赢得“最有人性的人”大奖。在过去的 20 多年里，人工智能社群都会齐聚以图灵测试为主题的洛伯纳大奖赛，这是该领域最令人期待也最惹人争议的盛事。

2014 年 6 月，一个俄罗斯团队开发了名为“Eugene Goostman”的人工智能聊天软件，它模仿的是一个来自乌克兰名为 Eugene Goostman 的 13 岁男孩。英国雷丁大学于图灵去世 60 周年纪念日当天，对这一软件进行了测试。据报道，在伦敦皇家学会进行的测试中，33% 的对话参与者认为，聊天的对方是一个人类，而不是计算机。英国雷丁大学的教授 Kevin Warwick 对英国媒体表示，此次“Eugene

Goostman”的测试，并未事先确定话题，因此可以认为，这是人类历史上第一次计算机真正通过图灵测试。然而，有学者对这个结论提出了质疑，认为愚弄 30% 的裁判是一个很低的门槛，图灵预言到 2000 年计算机程序能在 5 分钟的文字交流中欺骗 30% 的人类裁判，这个预言并不是说欺骗 30% 的人就是通过图灵测试。图灵只是预测计算机在 50 年内会取得多大进展。图灵测试对智能标准作了简单的说明，但存在如下问题：

（1）主持人提出的问题标准不明确。

（2）被测人的智能问题也没有明确说出。

（3）该测试仅强调结果，而未反映智能所具有的思维过程。

如果测试的是复杂的计算问题，则计算机可以比被测试的人更快更准确地得出正确答案。如果测试的问题是一些常识性的问题，人类可以非常轻松地处理，而对计算机来说却非常困难。

图灵测试的本质可以理解为计算机在与人类的博弈中体现出智能，虽然目前还没有机器人能够通过图灵测试，图灵的预言并没有完全实现，但基于国际象棋、围棋和扑克软件进行的人机大战，让人们看到了人工智能的进展。

1997 年 5 月 11 日，IBM 开发的能下国际象棋的“深蓝”计算机在正式比赛中战胜了国际象棋世界冠军卡斯帕罗夫，这是人与计算机之间挑战赛中历史性的一天。“深蓝”是并行计算的电脑系统，是美国 IBM 公司生产的一台超级国际象棋电脑，重 1 270 千克，有 32 个微处理器，另加上 480 颗特别制造的 VLSI 象棋芯片，每秒钟可以计算 2 亿步。下棋程序以 C 语言写成，运行 AIX 操作系统。“深蓝”输入了一百多年来优秀棋手的对局两百多万局，其算法的核心是基于穷举：生成所有可能的走法，然后执行尽可能深的搜索，并不断对局面进行评估，尝试找出最佳走法。深蓝的象棋芯片包含三个主要的组件：走棋模块（Move Generator）、评估模块（Evaluation Function）以及搜索控制器（Search Controller）。各个组件的设计都服务于“优化搜索速度”这一目标。“深蓝”可搜寻及估计随后的 12 步棋，而一名人类象棋好手大约可估计随后的 10 步棋。“深蓝”是仅在某一领域发挥特长的狭义人工智能的例子，而 AlphaGo 和“冷扑大师”则向通用人工智能迈进了一步。

2016 年 3 月，由谷歌（Google）旗下 Deep Mind 公司的杰米斯·哈萨比斯与他的团队开发的以“深度学习”作为主要工作原理的围棋人工智能程序阿尔法狗

（AlphaGo），与围棋世界冠军、职业九段选手李世石进行人机大战，并以 4 ∶ 1 的总比分获胜。2016 年末 2017 年初，该程序在中国棋类网站上以“大师”（Master）为注册账号与中日韩数十位围棋高手进行快棋对决，连续 60 局无一败绩。2017 年 1 月，谷歌 Deep Mind 公司 CEO 哈萨比斯在德国慕尼黑 DLD（数字、生活、设计）创新大会上宣布推出真正 2.0 版本的阿尔法狗。其特点是摒弃了人类棋谱，靠深度学习的方式成长起来挑战围棋的极限。在战胜李世石一年后，2017 年 5 月 23—27 日，AlphaGo 在浙江乌镇挑战世界围棋第一人中国选手柯洁九段，以 3 ∶ 0 战胜对手。

相较于国际象棋或是围棋等所谓的“完美信息”游戏，扑克玩家彼此看不到对方的底牌，是一种包含着很多隐性信息的“非完美信息”游戏，也因此成为各式人机对战形式中，人工智能所面对最具挑战性的研究课题。2017 年 1 月，由卡内基梅隆大学 Tuomas Sandholm 教授和博士生 Noam Brown 所开发的 Libratus 扑克机器人——“冷扑大师”，在美国匹兹堡对战四名人类顶尖职业扑克玩家并大获全胜，成为继 AlphaGo 对战李世石后人工智能领域的又一里程碑级事件。2017 年 4 月 6—10 日，由创新工场 CEO 暨创新工场人工智能工程院院长李开复博士发起，邀请 Libratus 扑克机器人主创团队访问中国，在海南进行了一场“冷扑大师 V.S. 中国龙之队——人工智能和顶尖牌手巅峰表演赛”。“中国龙之队”由中国扑克高手杜悦带领，这也是亚洲首度举办的人工智能与真人对打的扑克赛事，人工智能“冷扑大师”最终以 792 327 总记分牌的战绩完胜并赢得 200 万元奖金。

“冷扑大师”发明人、卡内基梅隆大学 Tuomas Sandholm 教授介绍，“冷扑大师”采取的古典线性计算，主要运用了三种全新算法，包括比赛前采用近于纳什均衡策略的计算（Nash Equilibrium Strategies）、每手牌中运用终结解决方案（Endgame Solving）以及根据对手能被识别和利用的漏洞，持续优化战略打得更为趋近平衡。这个算法模型不限扑克，可以应用在各个真实生活和商业应用领域，应对各种需要解决不完美信息的战略性推理场景。“冷扑大师”相对于“阿尔法狗”的不同在于，前者不需要提前背会大量棋（牌）谱，也不局限于在公开的完美信息场景中进行运算，而是从零开始，基于扑克游戏规则针对游戏中对手劣势进行自我学习，并通过博弈论来衡量和选取最优策略。这也是“冷扑大师”在比赛后程越战越勇，让人类玩家难以抵挡的原因之一。

2. 中文屋子问题

如果一台计算机通过了图灵测试，那么它是否真正理解了问题呢？美国哲学家约翰·希尔勒对此提出了否定意见。为此，希尔勒利用罗杰·施安克编写的一个故事理解程序（该程序可以在“阅读”一个英文写的小故事之后，回答一些与故事有关的问题），提出了中文屋子问题。

希尔勒首先设想的故事不是用英文，而是用中文写的。这一点对计算机程序来说并没有太大的变化，只是将针对英文的处理改变为处理中文即可。希尔勒想象自己在一个屋子里完全按照施安克的程序进行操作，因此最终得到的结果是中文的“是”或“否”，并以此作为对中文故事的问题的回答。希尔勒不懂中文，只是完全按程序完成了各种操作，他并没有理解故事中的任何一个词，但给出的答案与一个真正理解这个故事的中国人给出的一样好。由此，希尔勒得出结论：即便计算机给出了正确答案，顺利通过了图灵测试，但计算机也没有理解它所做的一切，因此也就不能体现出任何智能。

（三）图灵测试的应用

人们根据计算机难以通过图灵测试的特点，逆向地使用图灵测试，有效地解决了一些难题。如在网络系统的登录界面上，随机地产生一些变形的英文单词或数字作为验证码，并加上比较复杂的背景，登录时要求正确地输入这些验证码，系统才允许登录。而当前的模式识别技术难以正确识别复杂背景下变形比较严重的英文单词或数字，这点人类却很容易做到，这样系统就能判断登录者是人还是机器，从而有效地防止了利用程序对网络系统进行的恶意攻击。

二、人工智能的发展简史

人工智能的研究历史可以追溯到遥远的过去。在我国西周时代，巧匠偃师为周穆王制造歌舞机器人的传说。东汉时期，张衡发明的指南车可以认为是世界上最早的机器人雏形。公元前 3 世纪和公元前 2 世纪在古希腊也有关于机器卫士和玩偶的记载。1768—1774 年间，瑞士钟表匠德罗思父子制造了三个机器玩偶，分别能够写字、绘画和演奏风琴，它们是由弹簧和凸轮驱动的。这说明在几千年前，古代人就有了人工智能的幻想。

（一）孕育期

人工智能的孕育期一般指 1956 年以前，这一时期为人工智能的产生奠定了理论和计算工具的基础。

1. 问题的提出

1900 年，世纪之交的数学家大会在巴黎召开，数学家大卫·希尔伯特（David Hilbert）庄严地向全世界数学家们宣布了 23 个未解决的难题。这 23 道难题道道经典，而其中的第二问题和第十问题则与人工智能密切相关，并最终促成了计算机的发明。因此，有人认为是 20 世纪初期的数学家用方程推动了整个世界。

被后人称为希尔伯特纲领的希尔伯特的第二问题是数学系统中应同时具备一致性和完备性。希尔伯特的第二问题的思想，即数学真理不存在矛盾，任何真理都可以描述为数学定理。他认为可以运用公理化的方法统一整个数学，并运用严格的数学推理证明数学自身的正确性。希尔伯特第十问题的表述是：“是否存在着判定任意一个丢番图方程有解的机械化运算过程。”后半句中的“机械化运算过程”就是算法。

捷克数学家库尔特·哥德尔（Kurt Godel）致力于攻克第二问题。他很快发现，希尔伯特第二问题的断言是错的，其根本问题是它的自指性。他通过后来被称为“哥德尔句子”的悖论句，证明了任何足够强大的数学公理系统都存在着瑕疵，一致性和完备性不能同时具备，这便是著名的哥德尔定理。1931 年库尔特·哥德尔提出了被美国《时代周刊》评选为 20 世纪最有影响力的数学定理：哥德尔不完备性定理，推动了整个数学的发展。在哥德尔的原始论文中，所有的表述是严格的数学语言。哥德尔句子可以通俗地表述为：本数学命题不可以被证明，句子“我在说谎”也是哥德尔句子。

图灵被希尔伯特的第十问题深深地吸引了。图灵设想出了一个机器——图灵机，它是计算机的理论原型，圆满地刻画出了机械化运算过程的含义，并最终为计算机的发明铺平了道路。

图灵机模型形象地模拟了人类进行计算的过程，图灵机模型一经提出就得到了科学家们的认可。1950 年，图灵发表了题为《计算机能思考吗？》的论文，论证了人工智能的可能性，并提出了著名的“图灵测试”，推动了人工智能的发展。1951 年，他被选为英国皇家学会会员。

对于是否存在真正的人工智能或者说是否能够造出智力水平与人类相当甚至超过人类的智能机器，一直存在着争论。一类观点认为：如果把人工智能看作一个机械化运作的数学公理系统，那么根据哥德尔定理，必然存在着某种人类可以构造但机器无法求解的问题，因此人工智能不可能超过人类。另一类观点认为：人脑对信息的处理过程不是一个固定程序，随着机器学习，特别是深度学习取得的成功，使得程序能够以不同的方式不断地改变自己，真正的人工智能是可能的。

2. 计算机的产生

法国人帕斯卡于 17 世纪制造出一种机械式加法机，它是世界上第一台机械式计算机。

德国数学家莱布尼兹发明了乘法计算机，他受中国易经八卦的影响，最早提出二进制运算法则。

英国人查尔斯·巴贝奇研制出差分机和分析机，为现代计算机设计思想的发展奠定了基础。

德国科学家朱斯于 20 世纪 30 年代开始研制著名的 Z 系列计算机。

香农是信息论的创始人，他于 1938 年首次阐明了布尔代数在开关电路上的作用。信息论的出现，对现代通信技术和电子计算机的设计产生了巨大的影响。如果没有信息论，现代的电子计算机是不可能研制成功的。

1946 年 2 月 15 日，世界上第一台通用电子数字计算机“埃尼阿克”（ENIAC）研制成功。“埃尼阿克”的研制成功，是计算机发展史上的一座纪念碑，是人类在发展计算技术历程中的一个新的起点。

以上这一切都为人工智能学科的诞生做出了理论和实验工具上的巨大贡献。1956 年夏，由年轻的数学助教约翰·麦卡锡（John McCarthy）和他的三位朋友马文·明斯基（Marvin Minsky）、纳撒尼尔·罗切斯特（Nathaniel Rochester）和克劳德·香农（Claude Shannon）共同发起，邀请艾伦·纽厄尔（Allen Newell）和赫伯特·西蒙（Herbert Simon）等科学家在美国的 Dartmouth 大学组织了一个夏季学术讨论班，历时 2 个月。参加会议的都是在数学、神经生理学、心理学和计算机科学等领域中从事教学和研究工作的学者，在会上第一次正式使用了人工智能这一术语，从而开创了人工智能这个研究学科。

（二）AI 的基础技术的研究和形成时期

AI 的基础技术的研究和形成时期是指 1956—1970 年期间。1956 年纽厄尔和西蒙等首先合作研制成功“逻辑理论机”（The Logic Theory Machine）。该系统是第一个处理符号而不是处理数字的计算机程序，是机器证明数学定理的最早尝试。

1956 年，另一项重大的开创性工作是塞缪尔研制成功“跳棋程序”。该程序具有自改善、自适应、积累经验和学习等能力，这是模拟人类学习和智能的一次突破。该程序于 1959 年击败了它的设计者，1963 年又击败了美国的一个州的跳棋冠军。

1960 年，纽厄尔和西蒙又研制成功“通用问题求解程序（General Problem Solving，GPS）系统”，用来解决不定积分、三角函数、代数方程等十几种性质不同的问题。

1960 年，麦卡锡提出并研制成功“表处理语言 LISP”，它不仅能处理数据，而且可以更方便地处理符号，适用于符号微积分计算、数学定理证明、数理逻辑中的命题演算、博弈、图像识别以及人工智能研究的其他领域，从而武装了一代人工智能科学家，是人工智能程序设计语言的里程碑，至今仍然是研究人工智能的良好工具。

1965 年，被誉为“专家系统和知识工程之父”的费根鲍姆（Feigenbaum）和他的团队开始研究专家系统，并于 1968 年研究成功第一个专家系统 DENDRAL，用于质谱仪分析有机化合物的分子结构，为人工智能的应用研究做出了开创性贡献。

1969 年召开了第一届国际人工智能联合会议（International Joint Conference on AI，IJCAI），1970 年《人工智能国际杂志》（International Journal of AI）创刊，标志着人工智能作为一门独立学科登上了国际学术舞台，并对促进人工智能的研究和发展起到了积极作用。

（三）AI 发展和实用阶段

AI 发展和实用阶段是指 1971—1980 年期间。在这一阶段，多个专家系统被开发并投入使用，有化学、数学、医疗、地质等方面的专家系统。

1975 年美国斯坦福大学开发了 MYCIN 系统，用于诊断细菌感染和推荐抗生素使用方案。MYCIN 是一种使用了人工智能的早期模拟决策系统，由研究人员耗时 5 ~ 6 年开发而成，是后来专家系统研究的基础。

1976 年，凯尼斯·阿佩尔（Kenneth Appel）和沃夫冈·哈肯（Wolfgang Haken）等人利用人工和计算机混合的方式证明了一个著名的数学猜想：四色猜想（现在称为四色定理）。即对于任意的地图，最少仅用四种颜色就可以使该地图着色，并使得任意两个相邻国家的颜色不会重复，然而证明起来却异常烦琐。配合着计算机超强的穷举和计算能力，阿佩尔等人证明了这个猜想。

1977 年，第五届国际人工智能联合会会议上，费根鲍姆（Feigenbaum）教授在一篇题为《人工智能的艺术：知识工程课题及实例研究》的特约文章中系统地阐述了专家系统的思想，并提出了“知识工程”的概念。

（四）知识工程与机器学习发展阶段

知识工程与机器学习发展阶段指 1981—1990 年代初这段时期。知识工程的提出，专家系统的初步成功，确定了知识在人工智能中的重要地位。知识工程不仅仅对专家系统发展影响很大，而且对信息处理的所有领域都将有很大的影响。知识工程的方法很快渗透到人工智能的各个领域，促进了人工智能从实验室研究走向实际应用。

学习是系统在不断重复的工作中对本身的增强或者改进，使得系统在下一次执行同样任务或类似任务时，比现在做得更好或效率更高。

从 20 世纪 80 年代后期开始，机器学习的研究发展到了一个新阶段。在这个阶段，联结学习取得很大成功；符号学习已有很多算法不断成熟，新方法不断出现，应用扩大，成绩斐然；有些神经网络模型能在计算机硬件上实现，使神经网络有了很大发展。

（五）智能综合集成阶段

智能综合集成阶段指 20 世纪 90 年代至今，这个阶段主要研究模拟智能。

第五代电子计算机称为智能电子计算机。它是一种有知识、会学习、能推理的计算机，具有理解自然语言、声音、文字和图像的能力，并且具有说话的能力，使人机能够用自然语言直接对话。它可以利用已有的和不断学习到的知识，进行思维、联想、推理，并得出结论，能解决复杂问题，具有汇集、记忆、检索有关知识的能力。智能计算机突破了传统的冯·诺伊曼式机器的概念，舍弃了二进制结构，把许多处理机并联起来，并行处理信息，速度大大提高。它的智能化人机接口使人们不必编写程序，人们只需发出命令或提出要求，计算机就会完成推理和判断，并且给出解释。1988 年，第五代计算机国际会议召开。1991 年，美国加州理工学院推出了一种大容量并行处理系统，528 台处理器并行工作，其运算速度可达到每秒 320 亿次浮点运算。

第六代电子计算机将被认为是模仿人的大脑判断能力和适应能力，并具有可并行处理多种数据功能的神经网络计算机。与以逻辑处理为主的第五代计算机不同，它本身可以判断对象的性质与状态，并能采取相应的行动，而且它可同时并行处理实时变化的大量数据，并引出结论。以往的信息处理系统只能处理条理清晰、经络分明的数据，而人的大脑却具有能处理支离破碎、含糊不清的信息的灵活性，第六代电子计算机将具有类似人脑的智慧和灵活性。

20 世纪 90 年代后期，互联网技术的发展为人工智能的研究带来了新的机遇，人们从单个智能主题研究转向基于网络环境的分布式人工智能研究。1996 年深蓝战胜了国际象棋世界冠军卡斯帕罗夫成为人工智能发展的标志性事件。

21 世纪初至今，深度学习带来人工智能的春天，随着深度学习技术的成熟，人工智能正在逐步从尖端技术慢慢变得普及。大众对人工智能最深刻的认识就是 2016 年 AlphaGo 和李世石的对弈。2017 年 5 月 27 日，阿尔法狗（AlphaGo）与柯洁的世纪大战，再次以人类的惨败告终。人工智能的存在，能够让 AlphaGo 的围棋水平在学习中不断上升。

第二节 人工智能的研究学派

一、符号主义

符号主义（Symbolicism）又称逻辑主义（Logicism）、心理学派（Psychlogism）或计算机派（Computerism），其理论主要包括物理符号系统（即符号操作系统）

假设和有限合理性原理。

符号主义认为可以从模拟人脑功能的角度来实现人工智能，代表人物是纽厄尔、西蒙等。认为人的认知基元是符号，而且认知过程就是符号操作过程，智能行为是符号操作的结果。该学派认为，人是一个物理符号系统，计算机也是一个物理符号系统，因此，存在可能用计算机来模拟人的智能行为，即用计算机通过符号来模拟人的认知过程。

二、联结主义

联结主义（Connectionism）又称为仿生学派（Bionicisism）或生理学派（Physiologism），其理论主要包括神经网络及神经网络间的连结机制和学习算法。

联结主义主要进行结构模拟，代表人物是麦卡洛克等。认为人的思维基元是神经元，而不是符号处理过程，认为大脑是智能活动的物质基础，要揭示人类的智能奥秘，就必须弄清大脑的结构，弄清大脑信息处理过程的机理。并提出了联结主义的大脑工作模式，用于取代符号操作的电脑工作模式。

英国《自然杂志》主编坎贝尔博士说，目前信息技术和生命科学有交叉融合的趋势，如 AI 的研究就需要从生命科学的角度揭开大脑思维的机理，需要利用信息技术模拟实现这种机理。

三、行为主义

行为主义（Actionism）又称进化主义（Evolutionism）或控制论学派（Cyberneticisism）。其理论主要包括控制论及感知再到动作型控制系统。

行为主义主要进行行为模拟，代表人物为布鲁克斯等。认为智能行为只能在现实世界中与周围环境交互作用而表现出来，因此用符号主义和联结主义来模拟智能显得有些与事实不相吻合。这种方法通过模拟人在控制过程中的智能活动和行为特性，如自寻优、自适应、自学习、自组织等，来研究和实现人工智能。

第三节　人工智能的研究目标与研究领域

一、人工智能的研究目标

人工智能的研究目标可分为远期目标和近期目标。

人工智能的近期目标是研究依赖于现有计算机去模拟人类某些智力行为的基本原理、基本技术和基本方法。即先部分或某种程度地实现机器的智能，从而使现有的计算机更灵活、更好用和更有用，成为人类的智能化信息处理工具。

人工智能的远期目标是研究如何利用自动机去模拟人的某些思维过程和智能行为，最终造出智能机器。具体来讲，就是要使计算机具有看、听、说、写等感知和交互功能，具有联想、推理、理解、学习等高级思维能力，还要有分析问题、解决问题和发明创造的能力。简言之，也就是使计算机像人一样具有自动发现规律和利用规律的能力，或者说具有自动获取知识和利用知识的能力，从而扩展和延伸人的智能。

人工智能的主要目的是用计算机来模拟人的智能。人工智能的研究领域包括模式识别、问题求解、机器视觉、自然语言理解、自动定理证明、自动程序设计、博弈、专家系统、机器学习、机器人等。

当前人工智能的研究已取得了一些成果，如自动翻译、战术研究、密码分析、医疗诊断等，但距真正的智能还有很长的路要走。

二、模式识别

模式识别（Pattern Recognition）是 AI 最早研究的领域之一，主要是指用计算机对物体、图像、语音、字符等信息模式进行自动识别的科学。

“模式”的原意是提供模仿用的完美无缺的标本，“模式识别”就是用计算机来模拟人的各种识别能力，识别出给定的事物与哪一个标本相同或者相似。

模式识别的基本过程包括：对待识别事物进行样本采集、信息的数字化、数据特征的提取、特征空间的压缩以及提供识别的准则等，最后给出识别的结果。在识别过程中需要学习过程的参与，这个学习的基本过程是先将已知的模式样本进行数值化，送入计算机，然后将这些数据进行分析，去掉对分类无效的或可能引起混淆的那些特征数据，尽量保留对分类判别有效的数值特征，经过一定的技术处理，制定出错误率最小的判别准则。

当前模式识别主要集中于图形识别和语音识别。图形识别主要是研究各种图形（如文字、符号、图形、图像和照片等）的分类。例如，识别各种印刷体和某些手写体文字，识别指纹、白血球和癌细胞等。这方面的技术已经进入实用阶段。

语音识别主要研究各种语音信号的分类。语音识别技术近年来发展很快，现已有商品化产品（如汉字语音录入系统）上市。

三、自动定理证明

自动定理证明（Automatic Theorem Proving）是指利用计算机证明非数值性的结果，即确定它们的真假值。

在数学领域中对臆测的定理寻求一个证明，一直被认为是一项需要智能才能完成的任务。定理证明时，不仅需要有根据假设进行演绎的能力，而且需要有某种直觉和技巧。

早期研究数值系统的机器是 1926 年由美国加州大学伯克利分校制作的。这架机器由锯木架、自行车链条和其他材料构成，是一台专用的计算机。它可用来快速解决某些数论问题。素性检验，即分辨一个数是素数还是合数，是这些数论问题中最重要的问题之一。一个问题的数值解所应满足的条件可通过在自行车链条的链节内插入螺栓来指定。

自动定理证明的方法主要有四类：

1. 自然演绎法

它的基本思想是依据推理规则，从前提和公理中可以推出许多定理，如果待证的定理恰在其中，则定理得证。

2. 判定法

它对一类问题找出统一的计算机上可实现的算法解。在这方面一个著名的成果是我国数学家吴文俊教授于 1977 年提出的初等几何定理证明方法。

3. 定理证明器

它研究一切可判定问题的证明方法。

4. 计算机辅助证明

它以计算机为辅助工具，利用机器的高速度和大容量，帮助人完成手工证明中难以完成的大量计算、推理和穷举。

1976 年，美国伊利诺斯大学哈肯和阿佩尔，在两台不同的计算机上，用了 1 200 小时，进行了 100 亿次判断，终于完成了四色定理的证明，解决了这个存在了 100 多年的难题，轰动了世界。

三、机器视觉

机器感知就是计算机直接“感觉”周围世界。具体来讲，就是计算机像人一样通过“感觉器官”直接从外界获取信息，如通过视觉器官获取图形、图像信息，通过听觉器官获取声音信息。

机器视觉（Machine Vision）研究为完成在复杂的环境中运动和在复杂的场景中识别物体需要哪些视觉信息以及如何从图像中获取这些信息。

四、专家系统

专家系统（Expert System）是一个能在某特定领域内，以人类专家水平去解决该领域中困难问题的计算机应用系统。其特点是拥有大量的专业知识（包括领域知识和经验知识），能模拟专家的思维方式，面对领域中复杂的实际问题，能作出专家水平的决策，像专家一样解决实际问题。这种系统主要用软件实现，能根据形式的和先验的知识推导出结论，并具有综合整理、保存、再现与传播专家知识和经验的功能。

专家系统是人工智能的重要应用领域，诞生于 20 世纪 60 年代中期，经过 20 世纪 70 年代和 80 年代的较快发展，现在已广泛应用于医疗诊断、地质探矿、资源配置、金融服务和军事指挥等领域。

五、机器人

机器人（Robots）是一种可编程序的多功能的操作装置。机器人能认识工作环境、工作对象及其状态，能根据人的指令和“自身”认识外界的结果来独立地决定工作方法，实现任务目标，并能适应工作环境的变化。

随着工业自动化和计算机技术的发展，到20世纪60年代机器人开始进入批量生产和实际应用的阶段。后来由于自动装配、海洋开发、空间探索等实际问题的需要，对机器的智能水平提出了更高的要求。特别是危险环境以及人们难以胜任的场合更迫切需要机器人，从而推动了智能机器的研究。在科学研究上，机器人为人工智能提供了一个综合实验场所，它可以全面地检查人工智能各个领域的技术，并探索这些技术之间的关系。可以说，机器人是人工智能技术的全面体现和综合运用。

六、自然语言处理

自然语言处理又称为自然语言理解，就是计算机理解人类的自然语言，如汉语、英语等，并包括口头语言和文字语言两种形式。它采用人工智能的理论和技术将设定的自然语言机理用计算机程序表达出来，构造能理解自然语言的系统，通常分为书面语的理解、口语的理解、手写文字的识别三种情况。

自然语言理解的标志为：

（1）计算机能成功地回答输入语料中的有关问题。

（2）在接受一批语料后，有对此给出摘要的能力。

（3）计算机能用不同的词语复述所输入的语料。

（4）有把一种语言转换成另一种语言的能力，即机器翻译功能。

七、博弈

在经济、政治、军事和生物竞争中，一方总是力图用自己的“智力”击败对手。博弈就是研究对策和斗智。

在人工智能中，大多以下棋为例来研究博弈规律，并研制出了一些很著名的博弈程序。20 世纪 60 年代就出现了很有名的西洋跳棋和国际象棋的程序，并达到了大师级水平。进入 20 世纪 90 年代，IBM 公司以其雄厚的硬件基础，开发了名为“深蓝”的计算机，该计算机配置了下国际象棋的程序，并为此开发了专用的芯片，以提高搜索速度。1996 年 2 月，“深蓝”与国际象棋世界冠军卡斯帕罗夫进行了第一次比赛，经过六个回合的比赛之后，“深蓝”以 2 ∶ 4 告负。1997 年 5 月，系统经过改进以后，“深蓝”又第二次与卡斯帕罗夫交锋，并最终以 3.5 ∶ 2.5 战胜了卡斯帕罗夫，在世界范围内引起了轰动。之前，卡斯帕罗夫曾与“深蓝”的前辈“深思”对弈，虽然最终取胜，但也失掉几盘棋。与“深思”相比，“深蓝”采用了新的算法，它可计算到后 15 步，但是对于利害关系很大的走法将算到 30 步以后。而国际大师一般只想到 10 步或 11 步之远，在这个方面电子计算机已拥有能够向人类挑战的智力水平。

博弈为人工智能提供了一个很好的试验场所，人工智能中的许多概念和方法都是从博弈中提炼出来的。

八、人工神经网络

人工神经网络就是由简单单元组成的广泛并行互联的网络。其原理是根据人脑的生理结构和工作机理，实现计算机的智能。

人工神经网络是人工智能中发展较快、十分热门的交叉学科。它采用物理上可实现的器件或现有的计算机来模拟生物神经网络的某些结构与功能，并反过来用于工程或其他领域。人工神经网络的着眼点不是用物理器件去完整地复制生物体的神经细胞网络，而是抽取其主要结构特点，建立简单可行且能实现人们所期望功能的模型。人工神经网络由很多处理单元有机地连接起来，进行并行的工作。人工神经网络的最大特点是具有学习功能。通常的应用是先用已知数据训练人工神经网络，然后用训练好的网络完成操作。

人工神经网络也许永远无法代替人脑，但它能帮助人类扩展对外部世界的认识和智能控制。如 GMDH 网络本来是 Ivakhnenko（1971）为预报海洋河流中的鱼群提出的模型，但后来又成功地应用于超声速飞机的控制系统和电力系统的负荷预测。人的大脑神经系统十分复杂，可实现的学习、推理功能是人造计算机所不可比拟的。但是，人的大脑在记忆大量数据和高速、复杂的运算方面却远远比不上计算机。以模仿大脑为宗旨的人工神经网络模型，配以高速电子计算机，把人和机器的优势结合起来，将有着非常广泛的应用前景。

九、问题求解

问题求解是指通过搜索的方法寻找问题求解操作的一个合适序列，以满足问题的要求。

这里的问题，主要指那些没有算法解，或虽有算法解但在现有机器上无法实施或无法完成的困难问题，如路径规划、运输调度、电力调度、地质分析、测量数据解释、天气预报、市场预测、股市分析、疾病诊断、故障诊断、军事指挥、机器人行动规划、机器博弈等。

十、机器学习

机器学习就是机器自己获取知识。如果一个系统能够通过执行某种过程而改变它的性能，那么这个系统就具有学习的能力。机器学习是研究怎样使用计算机模拟或实现人类学习活动的一门科学。具体来讲，机器学习主要有下列三层意思:

（1）对人类已有知识的获取（这类似于人类的书本知识学习）。

（2）对客观规律的发现（这类似于人类的科学发现）。

（3）对自身行为的修正（这类似于人类的技能训练和对环境的适应）。

十一、基于 Agent 的人工智能

这是一种基于感知行为模型的研究途径和方法，我们称其为行为模拟法。这种方法通过模拟人在控制过程中的智能活动和行为特性，如自寻优、自适应、自学习、自组织等，来研究和实现人工智能。

基于这一方法研究人工智能的典型代表是 MIT 的 R.Brooks 教授，他研制的六足行走机器人（也称人造昆虫或机器虫）曾引起人工智能界的轰动。这个机器虫可以看作是新一代的“控制论动物”，它具有一定的适应能力，是运用行为模拟即控制进化方法研究人工智能的代表作。

第七章　深度学习

任何一种技术的发展并不总是一帆风顺的，人工神经网络也不例外。在经历了 20 世纪 70 年代和 90 年代两次低潮之后，终于在 21 世纪初迎来了以深度学习为代表的人工神经网络的一次新爆发，也带来了以深度学习为代表的人工智能技术的一次飞跃。本章简要介绍深度学习的概念、模型、方法以及一些相关知识。

第一节　深度学习的历史和定义

一、深度学习的历史

感知机被 Rosenblatt 提出后，因其可以实现逻辑与或等问题的求解和线性分类问题而备受关注，但同时又由于无法解决逻辑异或等非线性分类问题而被诟病。多层感知机虽然可以解决逻辑异或问题，且拥有强大的数学表达能力，三层感知机甚至可以表达任意连续函数，但是在 20 世纪 70 年代 BP 算法提出之前，对多层神经网络一直没有有效的训练算法，因此也一直无法付诸应用。

BP 算法的提出从理论上解决了拥有多层结构的神经网络的学习问题，但在实践中由于梯度消失和梯度爆炸的问题而导致难以广泛应用。由 BP 算法的推导过程可知，进行误差反向传播、更新每个权重信息时需要计算代价函数关于该权重的偏导数，而根据复合函数的链式求导法则，当网络层数增加时，该偏导数由一串偏导函数值相乘得到，如果每个偏导函数值都小于 1，那么它们的乘积就会越来越小，甚至趋近于 0，这就是梯度消失问题，导致该权重在 BP 过程中基本得不到更新；反之，如果偏导函数值都大于 1，那么又导致它们的乘积越来越大，亦即梯度爆炸，从而导致每次更新过多，难以收敛到局部极小值处。

该阶段神经网络尽管在性能上不占优势，在实践中也没有得到广泛应用，但一些重要研究仍然为后来深度学习的出现和发展奠定了坚实基础，其中贡献最为突出的就是卷积神经网络（CNN）和长短时记忆网络（LSTM）。这些研究基础使得深度学习一旦条件成熟，就迅速进入了爆发期。

2006 年，Hinton 和 Salakhutdinov 提出了深度信念网络（Deep Belief Network，DBN）模型，该模型由多个受限玻尔兹曼机堆叠而成，通过无监督学习进行贪心的逐层训练，使得每层的权重比传统的 BP 算法所采用的随机初始值更接近理论值；最后用有监督的反向传播算法对各层权重进行调优，从而解决了梯度消失和爆炸问题。该方法的提出标志着深度学习这个新的领域正式产生了。2009 年，Bengio 又提出了堆叠自动编码器（Stacked Auto-Encoder，SAE），用自动编码器来代替受限玻尔兹曼机构造深度网络，取得了很好的效果。

2011 年，微软研究院和 Google 的语言识别研究人员先后采用深度学习技术降低语音识别错误率 20% ~ 30%，是该领域 10 年来的最大突破。2012 年，Hinton 小组的深度学习模型 Alex Net 在 Image Net 图像分类大赛中一举夺冠，该模型采用 ReLU 激活函数，从根本上解决了梯度消失问题，而 GPU 的使用极大地提高了模型的运算速度。同年，吴恩达和 Jeff Dean 共同主导的 Google Brain 项目用包含 16 000 个 CPU 核的并行计算平台训练超过 10 亿个神经元的深度网络，在语音识别和图像识别领域取得突破性进展。

2014 年，Facebook 基于深度学习技术的 Deep Face 项目，在人脸识别方面的准确率已经能达到 97% 以上，跟人类识别的准确率几乎没有差别。2016 年，Google 公司基于深度学习开发的 AlphaGo 以 4 ：1 的比分战胜了国际顶尖围棋选手李世石，证明了在围棋领域基于深度学习技术的机器人已经超越了人类。

2017 年，基于强化学习算法的 AlphaGo 升级版 AlphaGo Zero 采用“从零开始”“无师自通”的学习模式，以 100 ：0 的比分轻而易举打败了之前的 AlphaGo。除了围棋，它还精通国际象棋等其他棋类游戏，可以说是真正的棋类“天才”。此外，深度学习的相关算法在医疗、金融、艺术、无人驾驶等多个领域均取得了显著的成果。

国内对深度学习的研究也在不断加速。2012 年，华为在香港成立“诺亚方舟实验室”，从事自然语言处理、数据挖掘与机器学习、媒体社交、人机交互等方面的研究。2013 年，百度成立“深度学习研究院”（IDL），将深度学习应用于语言识别和图像识别、检索。同年，腾讯着手建立深度学习平台 Mariana，Mariana 面向识别、广告推荐等众多应用领域，提供默认算法的并行实现。2015 年，阿里发布包含深度学习开放模块的 DTPAI 人工智能平台。

二、深度学习的定义

虽然已经经历了十余年的快速发展，但对于什么是深度学习，业界和学术界并没有给出统一的定义。不过，大家在以下几个方面对深度学习存在着广泛的共识。

首先，深度学习是机器学习的一个新的分支，是人工智能和机器学习发展到一定阶段的产物，从本质上来说是机器学习的一个子集，仍然是研究如何利用经验通过计算手段改进系统自身能力的理论和方法的学科，要解决的也仍然是分类、识别、预测以及相关的问题。

其次，和传统的机器学习（称之为浅层学习）相比较，深度学习更接近人类处理信息的方式。哺乳动物和人类的大脑是深层结构的，原始感知的输入通过多个层次的抽象表征，构建了由简单特征到复杂特征的逐层转换，每一个层次对应于大脑皮层的不同区域。深度学习通过构造深层结构的人工神经网络，模拟这种多层表示，每层对应于一类特定特征，高层特征取决于底层特征，每类特征由一个隐含层表示，隐含层从最初的几层发展到十多层，甚至目前的上千层。以图像处理为例，低层提取边缘特征，更高层在此基础上形成简单图形，直至最后表示出复杂的视觉图案。

最后，深度学习何以在 21 世纪初得到快速发展呢？这得益于 3 个必要条件，即大量数据的获取、计算能力的提升和优秀算法的提出。首先，以 Image Net 为代表的大规模数据集的出现为深度学习的产生提供了数据基础，大规模数据集使得深层网络结构不会轻易地过拟合；其次，性能优异、廉价的 GPU 为深层结构的快速学习提供了计算保障；再次，对比散度、逐层贪心无监督学习、堆叠自编码器等一系列算法的出现促进了深度学习的发展。

第二节　深度学习模型

经过 10 余年的发展，多种深度学习模型被提出并得到广泛引用。本节简要介绍深度信念网络、卷积神经网络、长短时记忆、对抗生成网络等几类模型，让初学者初步理解深度学习的基本概念和方法，为将来进一步的深入学习打下基础。

一、深度信念网络

深度信念网络（Deep Belief Network，DBN）的提出开启了深度学习的发展闸门，也掀起了人工神经网络的第三次发展高潮。

DBN 是由多层受限玻尔兹曼机（Restricted Boltzmann Machine，RBM）堆叠而成的多层神经网络，每两层构成一个 RBM。DBN 的训练由两个阶段构成。第一阶段是从输入层开始，对构成深层网络的 RBM 逐层进行无监督学习，确定所有参数的初始值，该过程被称为预训练；和传统 BP 算法的随机初值相比，该初始值蕴含了对前一层的特征表征，高层特征由底层特征抽象而来，是关于特征的特征，因此更接近于参数的理论值。第二阶段的学习采用有监督学习，通过 BP 算法，进一步优化无监督学习阶段得到的参数，由于第一阶段的学习，该阶段只需要进行少量修正即可使模型收敛。

RBM 是一个施加了限制的玻尔兹曼机，该模型克服了玻尔兹曼机训练效率低、难以计算其确切分布等问题。RBM 由可见层（即输入层）和隐含层两层构成，分别用 V={v1，v2，…，vm} 和 H={h1，h2，…，hn} 表示，可见层和隐含层构成一个二部图，层内无连接，层间全连接。可见节点和隐含节点构成的随机变量 {V，H} 的取值为 {v，h} ∈ {0，1}m+n；V 和 H 之间的反馈通过连接的权重体现，wij 代表 hi 和 vj 之间的连接权重，取实数值。

和霍普菲尔德网络、玻尔兹曼机一样，RBM 也是能量模型，其能量函数定义为：

$$E(v,\ h)=-\sum_{i=1}^{n}\sum_{i=j}^{m}h_i w_{\eta} v_j-\sum_{j=1}^{m}b_j v_j-\sum_{i=1}^{n}c_i h_i$$

其中，b 和 c 分别是可见节点和隐含节点的偏置。随机变量（v，h）服从

Gibbs 分布，即

$$P(v, h)=\frac{1}{Z}e^{-E(v, h)}$$

其中 Z 是配分函数，

$$Z=\sum_{v}\sum_{h}e^{-E(v, b)}$$

可见，节点和隐节点激活的概率分别为

$$P(v_j=1|h)=\sigma(\sum_{i=1}^{n}w_{\eta}h_i+b_j)$$

和

$$P(h_i=1|v)=\sigma(\sum_{j=1}^{m}w_{ij}v_j+c_i)$$

其中，σ（x）=1/（1+e-x）是 sigmoid 函数，作为每个节点的激活函数。

因此，可见层对于隐含层的条件概率为

$$P(v|h)=\prod_{j=1}^{m}P(v_j|h)$$

RBM 训练的目标就是求解可见节点的概率分布 P（v）的最似然估计 P（v|h），可以通过 Gibbs 采样——种特殊的马尔科夫链蒙特卡洛策略采样—实现。目前一般采用对比散度（Contrastive Divergence，CD）算法及其变体，该算法极大提升了训练的效率。

DBN 首先将输入层和第一个隐含层作为一个 RBM 进行无监督学习，该 RBM 收敛后，再将第一个和第二个隐含层组成一个 RBM 进行训练，如此逐层进行，直至最后一个隐含层，完成预训练。然后，以输出层为分类输出，进行有监督学习，通过 BP 算法对所有参数微调优化，完成整个 DBN 的训练。

DBN 一经提出，就引起了广泛关注，被应用于图像识别、信息检索、自然语言理解、故障预测等不同领域。

二、卷积神经网络

虽然预训练使得深层网络的有监督学习变得容易，并且在此之前，卷积神经网络（Convolution Neural Network，CNN）已经致力于深层网络的有监督学习，并取得了较好的效果，但受制于数据集的规模和计算能力的限制，并未取得显著优势。随着深度学习的提出、数据集规模的增大以及基于 GPU 的计算能力的大幅提升，CNN 已经成为模式识别等系统的核心技术。

1959 年，神经科学家提出猫的初级视觉皮层中神经元的感受野（receptive

field）的概念，即单个神经元所反应的一定范围的输入刺激区域。以视觉为例，直接或间接影响某一特定神经细胞的光感受器细胞的全体为该特定神经细胞的感受野；视觉感受野往往呈现中心兴奋、周围抑制或者中心抑制、周围兴奋的同心圆结构。1980 年，福岛邦彦在感受野概念的基础上提出了“神经认知”模型用于模式识别任务，该模型是一种层次化的多层人工神经网络。1998 年，Yann LeCun 等人提出了基于梯度学习的 CNN 算法，用于处理手写数字识别问题，并成功应用于美国邮政系统中。

卷积是通过两个函数 f 和 g 生成第三个函数的一种数学算子，表征函数 f 与 g 经过翻转和平移的重叠部分函数值乘积对重叠长度的积分，记为（f*g）（x）。对于离散情形，定义 f 和 g 的卷积 y（x）为

$$y(x)=(f*g)\quad(x)\triangleq\sum_{t=-\infty}^{\infty}f(t)\ g(x-t)$$

在信号处理、图像处理、机器视觉中，卷积的目的是从输入中提取有用的特征，其中输入用 f 代表，系统特征的提取用 g 代表，称为卷积核（亦即滤波器）。卷积核不同，提取的特征不同，如横向或纵向边缘等。卷积就是将输入和卷积核求内积，从而获得新的输出的过程。

在 CNN 中，卷积核可能是颜色、边缘、形状、纹理等不同基本模式的滤波器，其参数是通过训练得到的。通常，是将输入按照卷积核的大小交予下一层的卷积对应的神经元，输出即为卷积输出。为了节省计算量，同一卷积核中的输入共享相同的权重。

特征往往拥有平移和标度不变性，因此在 CNN 中对空间位置相邻的特征（一般是卷积层的输出）选取最大值或平均值作为输出，从而实现降维处理，该过程由池化（Pooling）层完成。池化层不需要参数学习。CNN 中，卷积层和池化层可以交替出现多层，形成深层结构，底层的特征逐渐形成高层的概念。

CNN 的目的是分类，因此在 CNN 最顶层有一个全连接层，将学到的特征映射到样本的标记空间，其输出对应所有分类类别。

目前，CNN 在图像识别、目标检测等不同领域使用非常广泛，有多种模型被提出，如 LeNet、Alex Net、VGG 和残差网络等，读者可以继续深入探索。

三、长短时记忆

长短时记忆（Long Short-Term Memory，LSTM）是由 Hochreiter 和 Schmidhuber 在 1997 年提出的一种 RNN 网络。和传统的 RNN 比较，LSTM 解决了长序列训练过程中的梯度消失和梯度爆炸问题，能够在更长的序列中有优异的表现，在语音识别、图片描述、自然语言处理等许多领域中被成功应用。

LSTM 的关键是元胞状态（Ct），由图中横穿整个链结构的元胞上部的水平线表示，该状态只参与一些规模较小的线性计算，适合在节点间传递变化很小的信息，这就是长时记忆。

LSTM 能够从元胞删除或向元胞状态添加信息，这是由称为门的结构控制的。门由 sigmoid 神经网络层和逐元素相乘运算（即矩阵 Hadamard 乘积）实现，可以有选择地让信息通过。

LSTM 的第一个门是由 sigmoid 层实现的遗忘门，用于决定要从输入的元胞状态 Ct-1（长时记忆）中丢弃什么信息。

下一步是决定要在元胞状态中记住（或者存储）什么新信息。首先，名为输入门层的 sigmoid 层决定要更新哪些值；tanh 层创建一个新的候选值向量，可以添加到状态中。然后，将这两者结合起来以创建对状态的更新，具体通过 Ct=ft · Ct-1+it · C′　t 实现。

最后，需要决定节点的输出，该输出既基于元胞状态，又经过一定的过滤。首先，通过运行一个 sigmoid 层决定要输出元胞状态的哪些部分。然后，通过 tanh 将其乘以 sigmoid 门的输出，从而得到输出 ht=ot · tanh（Ct）。

四、对抗生成网络

对抗生成网络（Generative Adversarial Network，GAN）是由 Goodfellow 在 2014 年提出的一种深度生成模型。判别模型和生成模型是机器学习中的两种不同模型。判别模型是学习某种分布下的条件概率 P（y|x）——在特定 x 条件下 y 发生的概率；在分类问题中，x 可以代表特征，y 代表标记。常见的判别模型有 K 近邻、感知机、决策树、Logistic 回归、最大熵模型、SVM 等。而生成模型要学习的是联合概率分布 P（x，y）——即特征 x 和标记 y 同时出现的概率，分类

问题中可以利用 P（x|y）P（y）/P（x）求条件概率分布 P（y|x）；由于 P（x，y）=P（x|y）P（y）对每一类情况的分布都进行了建模，所以生成模型能够学习到数据生成的机制。常见的生成模型有朴素贝叶斯、隐马尔可夫模型、混合高斯模型、RBM 等。

GAN 由两个网络组成：一个生成器网络和一个判别器网络，这两个网络可以是 CNN、RNN 等神经网络。生成器网络以随机的噪声作为输入，试图生成样本数据。判别器网络是一个二分类器，以真实数据或者生成数据作为输入，试图预测当前输入是真实数据还是生成数据。

GAN 中两个网络开展竞争，试图超越对方，同时，帮助对方完成自己的任务。二者是一种零和博弈思想，博弈双方的利益之和是一个常数。以图像生成为例，训练生成器网络就是使其能够欺骗判别器网络；因此随着训练的进行，它能够逐渐生成越来越逼真的图像，甚至达到以假乱真的程度，以致判别器网络无法区分二者。同时，判别器网络也在不断提升其“鉴伪”能力，为生成图像的真实性设置了很高的标准。经过数千次迭代后，生成器网络可以生成逼真的假图像，而判别器网络在判别输入真伪方面也变得更加完美。一旦训练结束，生成器就能够将其输入空间中的任何点转换为一张真实可信的图像。

GAN 有许多实际的用例，如图像生成、艺术品生成、音乐生成和视频生成。此外，它们还可以提高图像的质量，使图像风格化或上色，生成人脸，还以执行许多更有趣的任务。

第三节 深度学习主要开发框架

深度学习一经提出，不仅由于其理论优势而引起学术界的广泛关注，也因为其优异的性能而得到产业界的高度重视，一大批潜在应用——尤其是大规模的应用——需要被开发。为了降低深度学习应用开发的学习曲线，提高开发效率，提升相应应用的软件质量，学界和业界开发了多个深度学习开发框架供开发者使用，这些框架由相应的深度学习相关软件库、编译解释环境和集成开发环境构成。目前的框架有 Tensorflow、Py Torch、Caffe/Caffe 2、飞桨

（PaddlePaddle）、Keras、Deeplearning4j、Mxnet、CNTK 和 Theano 等。以下着重介绍 Tensorflow、Py Torch 与 Caffe/Caffe 2、飞桨（PaddlePaddle）、Keras 等几种应用最广泛的框架。

一、Tensorflow

Tensorflow 是由谷歌公司的谷歌大脑小组在 DistBelief 基础上开发，并于 2015 年开源的深度学习框架。其命名来源于本身的运行原理：Tensor（张量）意味着 N 维数组，Flow（流）意味着基于数据流图的计算，Tensorflow 为张量从流图的一端流动到另一端的计算过程。Tensorflow 是将复杂的数据结构传输至人工智能神经网络中进行分析和处理的系统。Tensorflow 拥有跨平台、多语言支持、自动求导等诸多优点。

（1）跨平台。Tensorflow 可以运行在服务器、台式机甚至移动设备等不同硬件平台，同时支持 CPU 和 GPU 同时运行，支持 Linux、Mac OS X 和 Windows 等不同操作系统。

（2）多语言支持。Tensorflow 基于 C++ 和 Python 开发，既有 C++ 开发界面，也有易用的 Python 使用界面，既可以帮助用户开发 Python、C/C++、Java、Go 程序，也可以用交互式的 IPython 环境来使用 Tensorflow。

（3）装配式的灵活开发。借助数据流图的思想，开发者可以构建描写驱动计算的内部循环的数据流图，并组装"子图"（常用于神经网络），甚至开发自己的上层的功能库。

（4）自动求导。梯度下降算法在深度学习中被广泛采用。开发者将预测模型的结构和目标函数结合在一起，添加数据后，Tensorflow 将自动计算相关的微分导数，直接供梯度下降算法使用。

（5）性能优化。Tensorflow 给予了线程、队列、异步操作等以最佳的支持，可以将硬件的计算潜能最大限度地发挥出来。开发者可以将数据流图中的计算元素分配到不同设备上，Tensorflow 可以管理好这些不同副本。

Tensorflow 是目前应用最广泛的深度学习框架，学生、研究人员、工程师、开发者等不同的人都可以在 Apache 2.0 开源协议下使用它。使用 Tensorflow 不仅可以让应用型研究者将想法迅速运用到产品中，也可以让学术型研究者更直接地彼此分享代码，从而提高科研产出率。

二、PyTorch 与 Caffe 2

PyTorch 是由 Facebook 人工智能研究院（FAIR）于 2017 年基于 Torch 推出的一个开源的 Python 机器学习库。类似于 Tensorflow，它也提供强大的 GPU 加速张量计算能力和包含自动求导系统的深度神经网络。

Caffe 是由 Berkeley 视觉与学习中心（BVLC）和社区贡献者开发的开源深度学习框架，项目创建者为贾扬清。Caffe 支持 C/C++、Python、Matlab 接口以及命令行接口，其突出特点是模块化、表示与实现分离，训练的库可供开发者直接使用，同样也支持 GPU 加速。Caffe 2 是 Caffe 的后继版本，2017 年由 Facebook 发布。在保有扩展性和高性能的同时，Caffe 2 强调了便携性，可以在 Linux、Windows、iOS、Android、树莓派等平台上进行原型设计、训练和部署。当 GPU 可用时，Caffe 2 可以轻易地实现高性能、多 GPU 加速训练和推理。

PyTorch 有优秀的前端，Caffe 2 有优秀的后端。同时，FAIR 有超过一半的项目在使用 PyTorch，而产品线全线又在使用 Caffe 2，所以为了进一步提高开发者的开发效率，Facebook 于 2018 年将 PyTorch 和 Caffe 2 进行了合并。

三、飞桨

飞桨（PaddlePaddle，Parallel Distributed Deep Learning）是百度在多年深度学习技术研究和业务应用的基础上开发的深度学习平台，具有易用、高效、灵活和可伸缩等特点。飞桨于2016年全面开源，是国内第一个开源深度学习开发框架。

飞桨框架的核心技术主要体现在前端语言、组网编程范式、核心架构、算子库以及高效率计算核心等五个方面。

（1）前端语言。为了方便用户使用，飞桨选择 Python 作为模型开发和执行调用的主要前端语言，并提供了丰富的编程接口 API。同时为了保证框架的执行效率，飞桨底层实现采用 C++。对于预测推理，为方便部署应用，则同时提供了 C++ 和 Java API。

（2）组网编程范式。飞桨中同时兼容命令式编程（动态图）与声明式编程（静态图）两种编程范式，以程序化“Program”的形式动态描述神经网络模型计算过程，并提供对顺序、分支和循环三种执行结构的支持，可以组合描述任意复杂的模型，并可在内部自动转化为中间表示的描述语言。而命令式编程，相当于将“Program”解释执行，可视为动态图模式，更加符合用户的编程习惯，代码编写和调试也更加方便。

（3）核心架构。飞桨核心架构采用分层设计，自上而下分别为Python前端、框架内核、内部表示和异构设备四层。前端应用层考虑灵活性，采用Python实现，包括了组网API、I/O API、Optimizer API和执行API等完备的开发接口；框架底层充分考虑性能，采用C++来实现。框架内核部分主要包含执行器、存储管理和中间表达优化；内部表示包含网络表示、数据表示和计算表示几个层面。框架向下对接各种芯片架构，可以支持深度学习模型在不同异构设备上的高效运行。

（4）算子库。飞桨算子库目前提供了500余个算子，并在持续增加，能够有效支持自然语言处理、计算机视觉、语音等各个方向模型的快速构建。算子库覆盖了深度学习相关的广泛的计算单元类型，如多种循环神经网络RNN、多种CNN及相关操作，如深度可分离卷积、空洞卷积、可变形卷积、感兴趣域池化及其各种扩展、分组归一化、多设备同步的批归一化。算子库还涵盖多种损失函数和数值优化算法，可以很好地支持自然语言处理的语言模型，阅读理解，对话模型，视觉的分类、检测、分割、生成，光学字符识别，OCR检测，姿态估计，度量学习，人脸识别，人脸检测等各类模型。飞桨的算子库除了在数量上进行扩充之外，还在功能性、易用性、便捷开发上持续增强。例如，针对图像生成任务，支持生成算法中的梯度惩罚功能，即支持算子的二次反向能力；而对于复杂网络的搭建，将会提供更高级的模块化算子，使模型构建更加简单的同时也能获得更好的性能；对于创新型网络结构的需求，将会进一步简化算子的自定义实现方式，支持Python算子实现，对性能要求高的算子提供更方便的、与框架解耦的C++实现方式，可使得开发者快速实现自定义的算子，验证算法。

（5）高效率计算核心。飞桨通过对核心计算进行优化，提供高效的计算核心。首先，飞桨提供了大量不同粒度的算子实现，细粒度的算子能够提供更好的灵活性，而粗粒度的算子则能提供更好的计算性能。其次，飞桨通过提供人工调优的核函数实现和集成不同供应商的优化库来提供高效的核函数。例如，针对GPU平台，飞桨既为大部分算子用CUDA C编程实现了经过人工精心优化的核函数，也集成了cuBLAS、cuDNN等供应商库的新接口、新特性。

四、Keras

Keras 是一个高级的神经网络 API，用 Python 编写，能够运行在 Tensor Flow、CNTK 或 Theano 等深度学习框架之上，可以作为这些框架的前端 API 使用。Keras 本身不做低级操作，如张量积和卷积，它依赖于一个后端引擎。尽管 Keras 支持多个后端引擎，但它的主要（默认）后端是 Tensor Flow。其开发重点是实现快速实验，能够在最短的时间内完成从想法到结果的转变。

Keras 拥有用户友好、模块化、易于扩展和使用 Python 等特点。用户友好使得该框架易于学习、易于建模。模块化有利于将神经网络层、代价函数、优化器、初始化方案、激活函数和正则化方案方便地组合起来，并作为创建新模型的独立模块。添加新的模块也很简单，就像添加新的类和函数一样。模型是在 Python 代码中定义的，而不是单独的模型配置文件。

此外，Keras 还拥有支持多种生产部署选项、与至少五个后端引擎（Tensorflow、CNTK、Theano 等）集成以及支持多 GPU 和分布式训练等诸多优点。Keras 的主要支持者是谷歌，还得到了微软、亚马逊、苹果、英伟达、优步等公司的支持。

第四节　深度学习的应用

经过近十年的飞速发展，深度学习已经被广泛应用于计算机视觉、语音与自然语言处理等各个领域，并向更广阔的领域延伸，这里介绍一些常见应用场景。

一、计算机视觉

计算机视觉涉及计算机使用图像、视频等数据来了解我们周围世界的算法和技术，换句话说，就是教机器自动化人类视觉系统执行的任务。常见的计算机视觉任务包括图像分类、图像和视频中的目标检测、图像分割和图像恢复等。近年来，深度学习已经用算法在计算机视觉领域掀起了一场革命，这些算法可以在上述任务中提供超越人类的准确性。

二、语音与自然语言处理

自然语言处理涉及计算机理解、解释、操作以及与人类语言对话的算法和技术。自然语言处理算法可以处理音频和文本数据，并将它们转换成音频或文本输出。常见的自然语言处理任务包括情绪分析、语音识别、语音合成、机器翻译和自然语言生成。深度学习算法使自然语言处理模型端到端的训练成为可能，而不需要从原始输入数据手工设计特性。

三、 推荐系统

推荐系统是一种有效的信息过滤工具。由于互联网接入的增加、个性化趋势和计算机用户习惯的改变等因素，推荐系统变得越来越流行。常见的应用包括电影、音乐、新闻、书籍、搜索查询和其他产品的推荐。推荐系统基于用户行为属性，从其他可能性中为特定产品或项目提供评级或建议。尽管现有的推荐系统能够成功地生成像样的推荐，但它们仍然面临着准确性、可伸缩性和冷启动等挑战。在过去的几年里，深度学习被用于推荐系统以提高推荐的质量。例如，使用通过模仿人类的视觉能力的深度学习方法处理电影海报，即可建立一个直观的、有效的电影推荐系统。

四、自动驾驶

自动驾驶无疑是近年来最热门的技术之一。由于汽车行业的特殊性，其对安全性、可靠性的要求近乎苛刻，因此对传感器、算法的准确性和稳健性有着极高的要求。但为了控制成本，又不能一味提高传感器精度。CNN 等深度学习技术非常适用于无人驾驶领域，其训练测试样本可以从廉价的摄像机中获取，从而使用摄像机取代雷达达到降低成本的目的。自动驾驶系统中，深度学习技术的高准确性必将促进目标检测、立体匹配、多传感器融合、高精度地图生成和核心控制等多方面的性能。

五、风格迁移

深度学习不仅仅可以在技术和工业领域发挥巨大作用，在文化艺术领域也有巨大的创造潜力，风格迁移就是典型的例子。

以图像处理为例，图像风格迁移算法首先通过指定一幅输入图像作为基础图像（内容图像）和另一幅或多幅图像作为希望得到的图像风格（风格图像），算法在保证内容图像的结构的同时，将图像风格进行转换，使得最终输出的合成图像呈现出输入图像内容和风格的完美结合。图像的风格包含了丰富的含义，可以是指图像的颜色、纹理和画家的笔触，甚至是图像本身所表现出的某些难以言表的成分。受到深度神经网络在大规模图像分类上的优异性能的启发，借助其强大的多层次图像特征提取和表示能力，不同的图像风格可以被高效提取和迁移。

第五节　深度学习的展望

作为 21 世纪前 20 年最活跃、影响最广泛的技术之一，深度学习仍将持续快速发展，这些发展主要体现在以下几方面。

深度学习的应用会越来越广泛、越来越深入。首先，深度学习的应用领域会越来越广泛。除了上一节列出的应用之外，深度学习在教育、金融、医学、能源、制造业等不同产业以及生物、化学、物理等传统学科都将得到更深入的应用。其次，大多数应用程序将包括机器学习或者深度学习。机器学习将成为几乎所有软件应用程序的一部分，这些功能直接嵌入我们的设备，个性化变得无处不在，并改善无处不在的客户体验。再次，深度学习作为一种服务将变得更加普遍。随着机器学习变得越来越有价值，技术也逐渐成熟，越来越多的企业将开始使用云来提供机器学习作为一项服务，这将允许更广泛的组织利用机器学习，而无须进行大量硬件投资或训练自己的算法。

深度学习技术本身将得到进一步发展。首先，算法将实现持续训练。目前，大多数机器学习系统只训练一次。根据初始训练，系统将处理任何新的数据或问题。随着时间的推移，训练信息往往过时或不完善。在不久的将来，更多的机器学习系统将连接到互联网，并不断重新训练最相关的信息。其次，专用硬件将带来性能突破。仅传统 CPU 在运行机器学习系统方面的成功就很有限。但是，GPU 在运行这些算法时具有优势，因为它们具有大量简单的内核。AI 专家还使用现场可编程门阵列（FPGA）进行机器学习。有时，FPGA 甚至可以优于 GPU。随着专用硬件的不断改进和越来越经济实惠，越来越多的组织将访问功能日益强大的计算机。底层硬件的这些改进将在 AI 的所有领域（包括机器学习）实现突破。

深度学习与认知理论将相互促进。首先，知识表示和学习的认知智能需要进一步深入研究。知识是人类通过大量生活中的数据总结出的一些规律，是经过人脑深度加工所形成的，支持直觉、顿悟等深度认知任务。知识可以弥补数据的缺失和不足。其次，多模态信息融合的深层次认知理论有助于促进深度学习的发展。表征学习是人工智能实现飞速发展的重要因素。但是，目前的表征学习还集中在单模态数据，构建跨模态表征学习机制是实现新一代人工智能的重要环节。人类的认知能力是建立在视觉、听觉、语言等多种感知通道协同基础上的，这种融合与协同能够有效地避免单一通道的缺陷与错误，从而实现对世界的深层次认知。未来的方向是借鉴生物对客观世界的多通道融合感知背后所蕴藏的信号及信息表达和处理机制，对世界所蕴含的复杂机理进行高效、一致表征，提出对跨越不同媒体类型数据进行泛化分析的基础理论、方法和技术，模拟超越生物的感知能力。

第八章　人工智能促进教学变革

第一节　人工智能促进教学变革的基础

一、理论基础及启示

（一）教育变革理论

教育变革理论指出，教育处于不断的变革中，变革是推动教育动态发展的动力。教育变革专家 R.G. 哈维洛克和 C.V. 古德将教育变革分为有计划教育变革和自然教育变革两类。“有计划教育变革”是指采取一定方案推行的蓄意教育变革，一般说的教育革新、教育改革、教育革命都属于有计划教育变革。“自然教育变革”与有计划教育变革相反，是指没有计划方案与人为推行的变革。

教育变革理论认为，教育变革具有非线性与复杂性的特征。非线性是指教育变革从启动到实施不是线性过程，自上而下从组织结构上进行的教育变革并不一定能够取得理想结果；复杂性是指教育变革对象——教育系统是非线性的、动态的，兼具自然性和社会性的复杂系统，对系统的发展预测比较困难。教育变革的非线性和复杂性特征决定了教育变革的不确定性。并不是所有的教育变革都是积极有益的，教育变革的结果可能是“正向的”，也可能是“逆向的”。

教育变革理论对于本研究具有重要指导意义，人工智能促进教学变革属于有计划的教育变革范畴。事物本质的改变称为变革，但教学变革不是对传统教学的全盘否定，而是在继承传统教学优势与智慧内涵的基础上，优化教与学的过程，创新教与学的方法与手段。教学变革的过程也应该遵循“量变质变规律”，只有在人工智能与教学充分融合的基础上，才会使教学发生本质上的改变，进而达到整个教育结构的改变。因此，本研究所探讨的教学变革是基于具体的教学环境，通过人工智能的有效支持来改变教学各要素的地位和作用的一个过程，包括变革教学资源形态、教学组织方式、学习活动方式、学习评价方式等。其中各要素的地位和作用的状态是评价教学变革效果的重要指标。

（二）分布式认知理论

分布式认知理论是由赫钦斯（Edwin Hutchins）在20世纪80年代对传统认知观点进行批判的基础上提出来的。赫钦斯认为，认知是分布的，认知现象不仅包含个人头脑中所发生的认知活动，还包括人与人之间以及人与工具技术之间通过交互实现某一活动的过程。认知分布于个体间，分布于环境、媒介、文化之中。分布式认知理论认为，认知不仅仅依赖于认知主体，还涉及其他认知个体、认知工具及认知情境，认为要在由个体与其他个体、人工制品所组成的功能系统的层次来解释认知现象。

分布式认知理论对于人工智能促进教学变革研究具有重要的指导意义：

第一，分布式认知中的“人工制品”，如工具、技术等可起到转移认知任务、降低认知负荷的作用。当学习者的学习内容超出认知范围无法解决时，可借助智能化学习软件帮助减轻认知负荷，引导学习者向深度认知发展。同时可将简单、重复性的认知任务交由智能机器人完成，从而使个体可进行更具创造性的认知活动。未来必定是人与智能机器协作的时代，人所擅长的和智能机器所擅长的可能大有不同，人与人工智能协同所产生的智慧，将远超单独的人或人工智能。人机协同已成为个体面对复杂问题的基本认知方式，人类的认知正由个体认知走向分布式认知。

第二，分布式认知强调认知发生在认知个体与认知环境间的交互。认知个体在交互过程中，有利于建构自身的认知结构。教学中的交互不只是师生间的交互，还包括生生交互、师生与知识的交互、人与机器的交互等，在人工智能支持的智能化教学环境中，交互方式更加多样。通过交互可以重构学习体验，甚至可以通过触觉、听觉、视觉来影响个体的认知。

（三）技术创新理论

熊彼特在《经济发展理论》中首次提出技术创新理论（technical innovation theory），指出创新是“一种新的生产函数的建立，即实现生产要素和生产条件的一种从未有过的新结合”，并将其引入生产体系。创新一般包括五个方面的内容：一是制造新产品；二是采用新的生产方法；三是开辟新市场；四是获取新的原材料或半成品的供应来源；五是形成新的组织形式。

创新不仅是某项单纯的技术或工艺发明，而且是一种不停运转的机制。只有引入生产实际中的发现与发明，并对原有生产体系产生震荡效应才是创新。技术创新理论对教育教学创新具有重要指导意义。

一是有助于教育教学的创新。新的技术出现时会对教育教学带来影响，人工智能技术在教学中的应用，将带来新的智能化教学工具，形成新的教与学模式，促进教学评价方式与教学管理方式的创新。教育工作者要积极转变思维方式，探索人工智能与教学结合的新形式，促进技术与教学的深度融合以及教育教学的创新发展。

二是重视学生创新能力的培养。人工智能时代，简单重复性的工作一定会被机器所取代，智能机器正在超越人类的左脑（工程逻辑思维）。人类要保持对机器的优势，一个重要策略是让学生花时间精力开发机器不擅长的右脑，培养人类智能独特的能力，如创新创造能力、想象力、问题解决能力、交流沟通能力及艺术审美能力等，让学生在智能科技发达的今天立于不败之地，这也是教育改革的大方向。

二、技术支撑

人工智能是研究与开发用于模拟、延伸和扩展人的智能的新兴技术科学，通过机器来模拟人的智能，如感知能力（视觉感知、听觉感知、触觉感知）和智能行为（学习能力、记忆和思维能力、推理和规划能力），让机器能够“像人一样思考与行动”，最终实现让机器去做过去只有人才能做的工作。人工智能发展的迅猛之势引发了人们的热议。那人工智能能否取代人成为人们关注的焦点？早在1993年，计算机科学家弗农·维格（Vernon Vinge）就提出了奇点概念，即人工智能驱动的计算机或机器人能够设计和改进自身，或者设计出比自己更先进的人工智能。面对人工智能，不能过分高估也不要过分低看；对于人工智能对教育的影响，要秉承理性态度来看待。

人工智能的主要研究领域包括智能控制、自然语言处理、模式识别、人工神经网络、机器学习、智能机器人等。近年来，随着计算能力的提升以及大数据和深度学习算法的发展，人工智能取得了突飞猛进的发展，并且广泛运用于金融、医疗、家居等多个领域，各行各业都在积极探索利用人工智能破解行业难题，教育也不例外。张坤颖指出，人工智能是一种增能、使能和赋能的技术，其在教育中的应用形态分为主体性和辅助性两类。主体性是指特定教育系统以人工智能技术为主体，如智能教学机器人、智能导师系统等；辅助性是指将人工智能的功能模块或部分结构融入教学、资源和环境、评价和管理之中，转变为媒体或工具以发挥其功效，如智能化评价、自适应学习、教育管理与决策等。

技术对教育教学的影响是人工智能、虚拟现实、增强现实、大数据、学习分析等技术综合的作用，不是单一技术就可以产生影响，因此本研究结合人工智能、大数据、学习分析等技术与教学的融合创新，从人工智能大发展的时代背景下探讨人工智能给教学带来的新机遇和挑战。

（一）机器学习

机器学习主要研究如何用计算机获取知识，即从数据中挖掘信息、从信息中归纳知识，实现统计描述、相关分析、聚类、分类、规则关联、预测、可视化等功能。

20 世纪 90 年代后，随着计算机性能的不断提升，人工智能迎来了一次新的突破，有数学依据的统计模型、大规模的训练数据，并融合了数学、统计学、信息论等各领域知识的机器学习方法，逐渐在语音识别和机器翻译等领域成为主流。而且随着隐马尔可夫模型、贝叶斯网络、人工神经网络等各种模型方法的不断引入，机器学习取得了进一步的发展，尤其在自然语言理解、模式识别等领域成为技术核心。近来，以人工神经网络模型为基础的深度学习方法，给人工智能的发展带来了新一轮的热潮。

根据学习模式、学习方法以及算法的不同，机器学习存在不同的分类方法。

机器学习研究的进一步深入，也极大地推动了其在教育中的应用，如归纳学习、分析学习应用于专家系统等。

1. 机器学习与教学的适切性

机器学习是通过算法让机器从大量数据中学习规律，自动识别模式并用于预测。机器学习在教学环境中，能够基于大量教学数据智能挖掘与分析数据发现新模式，预测学生的学习表现和成绩，以促进和改善学习。可以说，机器在数据学习过程中处理的数据越多，预测就越精准。教学数据包括学习者与教学系统交互所产生的数据，以及协作、情绪和管理数据等。

当前，应用于教学的机器学习方法有分类、聚类、回归、文本挖掘、关联规则挖掘、社会网络分析等，但应用较多的是预测和聚类。预测旨在建立预测模型，从当前已知数据预测未知数据。在教学应用中，常用的预测方法是分类和回归，一般用于预测学生学习表现和检测学习行为。聚类一般用于发现数据集中未知的分类，在教学中，通常基于教学数据对学生进行分组。

机器学习对于教学环节中的不同人员，如学生、教师、教学管理者、课程或软件开发者等具有不同的应用目标。

2. 机器学习教学应用的潜力与进展

机器学习作为人工智能的重要分支，能够满足对教学数据分析预测的需求，其在教学中的应用具有很大潜力。在教师教学方面，将从学生建模、预测学习行为、预警辍学风险、提供学习服务和资源推荐等方面有效助力智能教育，推动教学创新。在学生学习方面，通过机器学习分析学生成绩、学习行为等来预测学习表现，发现新的学习规律，并给出可视化反馈；对学习者的表现进行评价，根据不同学生的特征进行分组，推荐学习任务、自适应课程或活动，提高学习者的学习效率。

（二）自然语言理解

自然语言理解是研究如何使计算机能够理解和生成人的语言，达到人机自然交互的目的。自然语言理解主要分为声音语言理解和书面语言理解两大类。其理解的过程一般分为三步：第一，将研究的问题在语言学上以数学形式化表示；第二，把数学形式表示为算法；第三，根据算法编写程序，在计算机上实现。

自然语言理解技术从初期的产生式系统、规则系统发展到当今的统计模型、机器学习等方法。其在教育中的最早应用是进行语法错误检测，随着技术的发展，自然语言理解在教学中有了更大的应用场景。有研究者将自然语言理解在教育领域的应用场景概括为四个方面：一是文本的分析与知识管理，如机器批改作业、机器翻译等；二是人工系统的自然交互界面，如语音识别及合成系统；三是语料库在教育工具中的应用，如语料库及其检索工具；四是语言教学的应用研究，如面向语言学习的教育游戏。自然语言理解将为在机器翻译、机器理解和问答系统等领域的学习者的学习带来新的方式方法。

1. 机器文本分析

传统对于主观题的判定，如论述、作文等，机器批阅无法给出有效反馈，随着自然语言理解技术的逐渐成熟，依托人工智能技术可以实现对开放式问题的自动批阅。当前应用较为成功的是句酷英语作文批改。机器批阅有助于学生自主练习时及时获得反馈，可以大大提高学习的效率与效果。

2. 问答系统

问答系统分为特定知识领域的问答系统和开放领域的对话系统。问答系统是指人们提交语言表达的问题，系统自动给出关联性较高的答案，实现人与机器的交流。当前，问答系统已经有不少应用产品出现，它们在接收到文字或语音信息后，先解读内容，然后再自动给予相关回复。在教学当中，问答系统能够充当解决学生个性化问题的虚拟助手，以自然的交互方式对学生的问题进行答疑与辅导。IBM 研发的虚拟助教 Watson 就是通过建立教育领域的专家库，实现对学生问题的解答。

（三）模式识别

模式识别是使计算机对给定的事物进行识别，并把它归于与其相同或相似的模式中。其主要研究计算机如何识别自然物体、图像、语音等，使计算机模拟实现人的模式识别能力，如视觉、听觉、触觉等智能感知能力。根据采用的理论不同，模式识别技术可分为模板匹配法、统计模式法、神经网络法等，其早期所采用的算法主要是统计模式识别，近年来，在多层神经网络基础上发展起来的深度学习和深度神经网络成为模式识别较热门的方法。而且深度学习算法和大数据技术的发展，大大提高了在语音、图像、情感等模式识别中的准确率。

模式识别系统主要由数据采集、预处理、提取特征与选择、分类决策等组成。

在教学应用领域，为学习者提供个性化学习支持服务的前提是需要采集到学习者的语音、情感等体征数据，通过对这些数据进行挖掘与分析，为后续的个性化学习提供基础数据模型支持。模式识别在教学中的应用主要包括：在实训型课堂中，可以将识别的学生动作模式与标准动作模式比对，指导学生操作；智能识别学习者的学习状态，适时给予学习帮助与激励；学习者利用语音搜索学习资源等。

（四）大数据

人工智能建立于海量优质的应用场景数据之上。与传统数据相比，大数据具有非结构化、分布式、数据量大、高速流转等特性。大数据通过数据采集、数据存储和数据分析，能够发现已知变量间的相互关系进行科学决策。大数据目前已经应用于金融行业、城市交通管理、电子商务、医疗等各领域，有着广阔的应用前景。而在教育领域，随着教育信息化的发展，教学过程中时时刻刻在产生大量的数据，大数据为教学提供了根据数据进行科学决策的方法，对教育教学产生深刻影响。

大数据的价值在于对数据进行科学分析以及在分析的基础上所进行的数据挖掘和智能决策。也就是说，大数据的拥有者只有基于大数据建立有效的模型和工具，才能充分发挥大数据的优势。

大数据与人工智能的结合将给教育教学带来新的机遇。海量数据是机器智能的基石，大数据有力地助推了机器学习等技术的进步，在智能服务的应用中释放出无限潜力。因为人与机器的学习方法是不一样的，比如，一个孩童看到几只猫，妈妈告诉他这是猫，他下次见到别的猫就知道这是猫，而要教会机器识别猫，需要给机器提供大量猫的图片。因此，大数据极大助推了人工智能的发展。大数据与人工智能结合将充分发挥大数据的优势，如教育教学过程中存在大量的教学设计、教学数据，根据这些数据训练出的人工智能模型可以辅助教师发现教学中的不足并加以改进。

（五）学习分析

学习分析是随着大数据与数据挖掘的兴起而衍生出来的新概念，它是通过采集与学习活动相关的学习者数据，运用多种方法和工具全面解读数据，探究学习环境和学习轨迹，从而发现学习规律，预测学习结果，为学习者提供相应干预措施，促进有效学习。由此可知，大数据是进行学习分析的基础，学习分析可以实现大数据的价值。

学习分析的目的在于优化学习过程，一般包括四个阶段：一是描述学习结果；二是诊断学习过程；三是预测学习的未来发展；四是对学习过程进行干预。学习分析是迈向差异化及个性化教学的道路。随着各种智能化教学平台、教学 App 等数字化教学工具的应用，教育数据快速增长。通过智能化教学平台持续采集学生学习过程中的各种数据，将教师和学生在课堂上的每一个互动结果记录下来，进而通过学习分析生成数据统计与分析图表。基于此，学生可通过查看学习数据，找出不足，及时调整。教师可很好地了解学生学习特点，制订个性化学习方案，深度分析学习者学习行为与学习数据，随时监测学生发展。

三、人工智能促进教学变革的整体框架探讨

教学是教师的教和学生的学的统一活动，教学要素是构成教学活动的单元或元素。从现有研究状况来看，关于教学要素的认识主要有“三要素论”“四要素论”“五要素论”“六要素论”“七要素论”“教学要素系统论”等。

由此可见，关于教学要素的研究一直处于动态发展过程之中，人们对教学要素的认知在不断加深，呈现百花齐放、百家争鸣的局面，提出了许多富有创造性的意见和研究思路。

追溯教学变革的研究，可以发现众多学者根据不同的时代背景、不同的技术发展，从不同的教学要素环节，如教学内容、教学资源与环境、教师的教学方式、学生的学习方式、教学评价、教学管理等方面来探讨教学变革。

本研究在已有教学变革研究的基础上，结合人工智能在教学中的典型应用，尝试从教学资源、教学环境、教的方式、学的方式、教学管理、教学评价等方面探讨人工智能给教学带来的新机遇和挑战。

通过整合人工智能促进教学变革的构成要素，分析得出资源环境的改变是教学变革的基础，因此以资源环境为出发点，分析人工智能的发展所带来的教学工具、教学资源以及教学环境的改变，进而优化教与学。而教与学又是不可分割的整体，只有在师生积极的相互作用下，才能产生完整的教学过程，割裂教与学的关系就会破坏这一过程的完整性，因此从教师教和学生学这一整体角度探讨人工

智能对教与学方式的变革，促进高效教学。而将教学评价与教学管理归为一体去探讨，是基于以下考虑：教学评价与教学管理都属于教学管理范畴，都是主体作用于客体的管理活动。教学管理是现代教育管理体系中相对独立完整的系统，而教学评价则是其中的重要组成部分，教学评价是教学管理的任务之一，又是教学管理的重要手段。两者都侧重于对数据的分析，技术性和科学性较强，人工智能的发展和教学数据的丰富使教学评价与教学管理更加科学化，也更具权威性，使之发挥更大作用。

基于以上分析，本研究尝试从教学资源与教学环境、教与学的方式、教学评价与教学管理三部分探讨人工智能引发的教学变革。

（一）教学资源与教学环境

资源环境的改变是教学变革的基础，通过资源环境的改变带动教学的变革，进而创设更加符合学生需求的学习环境，形成良性循环。

技术对教育教学所产生的影响，在很大程度上是转化为工具、媒体或者环境来实现的。首先，人工智能的发展催生了许多新的教学工具与学习工具，如智能化教学平台、教学机器人、智能化学习软件等，这些教与学的工具是教师教学与学生学习的好帮手，为教学注入了新的活力。其次，人工智能的发展为学习者获取学习资源带来了极大便利，在学习资源智能进化的过程中，机器已经对资源进行质量把关、语义标注，将资源分为文本、视频等形式，这样智能化学习环境感知到学习者需求时，可以自适应推送适合学习者的学习资源。而且搜索引擎的发展，让学习者可以快速找到所需资源，不用在查找资料方面浪费时间。然后，人工智能的发展为搭建智能化的学习环境提供了便利，驱动数字教育资源环境走向智能化学习资源环境。学校可与人工智能教育企业联手利用人工智能创造利于学习者高效学习、深度学习的环境。通过智能感知，构筑更加有利于师生互动的学习环境。

教学工具的创新、教学资源的优化、教学环境的改善，有助于教师轻松开展教学活动，辅助学生高效学习。

（二）教的方式与学的方式

人工智能进入教育领域后，技术支持资源、环境的改变促使教学发生了一系列转变。

在教师教学方面，人工智能可以辅助教师备课，通过人工智能技术智能生成个性化教学内容、实时监控教学过程、精准指导教学实现智能化精准教学；开展基于技术的智能化实践教学；进行个性化答疑与辅导，帮助教师从简单、烦琐的教学事务中解放出来，真正回归“人”的工作，创新教学内容、改革教学方法，从事更具创造性的劳动。

在学生学习方面，通过智能化环境的构建，要着重思考如何引导学生，通过创设不同类型的学习任务，营造支持性学习环境，帮助学习者自适应预习新知、智能交互学习新知、智能化陪伴练习、智能引导深度学习，帮助学生不断认识自己、发现自己和提升自己。

同时，教师和学生在教与学过程中对资源与环境的需求，又促使资源与环境向人的需求层面转变。

（三）教学管理与教学评价

技术的发展和教学环境的优化，使得教与学的过程数据越来越丰富。如何充分、有效地利用这些数据优化教与学，需要教育工作者对传统教学评价与教学管理模式与方法进行变革。

人工智能应用于教育领域，通过采集教与学场景中的数据，利用大数据分析技术对各项教育数据进行深度挖掘，实现检验教学效果、诊断教学问题、引导教学方向、改进教育管理，一方面帮助教学管理者全面督导，使传统的以经验为主的管理方式向智能化、科学化转变，提升管理效率；另一方面，建立学习者数字画像，智能分析、评价学习者行为，破解个性化教育难题，科学辅助教师进行教学决策。通过人工智能对教学的诊断反馈进而为教学组织、学习活动等提供创新解决方案，提升教学效率。

第二节　人工智能促进教学资源与教学环境创新发展

技术对教育教学所产生的影响，在很大程度上是转化为工具、媒体或者环境来实现的。人工智能本身不能促进教学变革，但是其是一种增能、使能和赋能的技术，可以将它转变为媒体或工具，以在教育教学中发挥功效。人工智能时代的教师，需要具有利用智能化教学工具和智能化教学环境进行有效教育教学和创新教育教学的意识与能力。

一、教学工具的改变

（一）智能教学平台

随着“互联网+”时代的到来，人工智能的快速发展，众多开放式、智能化教学平台如雨后春笋般不断涌现，这些平台的功能不断完善，集智能备课、精准教学、师生互动、测评分析、课后辅导等功能为一体。目前智能化教学平台各式各样，有综合性的智能化教学平台，也有专门针对某一学科的智能化教学平台。为进一步推进教学模式和教学手段改革，提升教学质量，越来越多的智能教学平台被广泛应用，用于解决传统课堂抬头率低、互动性不高等问题，得到了广大师生和家长的认同。

1. 智能教学平台的内涵与特征

智能教学平台是基于计算智能技术、学习分析技术、数据挖掘技术以及机器学习等技术，为教师和学生提供个性化教与学的教学系统。其主要的特点是运用人工智能技术智能分析学习者所学内容，构建学习者知识图谱，为学习者提供个性化的学习内容以及学习方案；支持自适应学习，实现学习内容的智能化推荐。智能化教学平台的特征主要体现在以下几个方面：

（1）高效性

高效性是智能化教学平台的一个显著特征。从课前、课中到课后，相比传统教学，通过智能化教学平台进行教学，在各个环节都更加高效，教学过程更加流畅，教学互动更加深入及时，教学效果更加明显。

课前教师通过智能化教学平台进行备课，可与全国各地教师实时共享教案，吸收先进的教学理念、学习先进的教学方法；通过教学平台将课前预习资料推送至学习者的个人学习空间，并与学生进行及时互动交流，及时调整完善教学设计。课中，可通过各种移动终端连接教学平台与教师实时互动。教师可以“一对多”地解决不同学生的问题，让每一位学生都参与到课堂交流中，真正将课堂还给学生。课下，学生可以在平台上完成作业，还可以与学习共同体完成思维碰撞，由平台完成作业批改，给学生实时反馈，大大提高课后辅导的效率。

（2）个性化

现代的教育模式是“标准化教学＋标准化考试”，“流水线”上培养的人才是没有竞争力的，比起向学生传授可能被机器人取代的单纯技术，更应该尝试去培养机器人所不能代替的创新创造能力等。这意味着教育的导向要从标准化转向非标准化。

智能化教学平台通过采集到的海量数据和先进算法，根据学生的学习能力、对学习内容的掌握以及努力程度等，为每个学生提供不同的预习资料，布置不同难度的作业，如对学习内容掌握好的学生可以布置一些创新性的、需要发挥创造力的作业；对学习内容掌握一般的学生就布置一些基础性作业。并且课程内容会随着学生学习的进步情况动态调整，略过学生已经掌握的知识点，强化学生薄弱环节，从而真正实现因材施教，实现个性化难度的自适应学习。

除了教学的非标准化，面向人工智能时代的教育改革还包括考试的非标准化。教师有时难以把握考试出题的难易程度，而且针对所有学生都是一套试卷，对学习基础较差的学生来说，每次成绩的分数都偏低不免打压学习的积极性。个性化教学应该为不同的学生准备不同的考试试卷，且不同的试卷并不会增加教师的工作强度。通过智能化教学平台，根据每个学生的学习记录智能组卷，还可以通过机器批改，自动生成教学评估报表，个性化评价学生的进步与不足，指导学生的努力方向。

（3）数据驱动

智能化教学平台可以采集到海量数据。例如，通过签到可以一目了然地看到学生的出勤情况。通过测试题，一方面可以看出教师出题的行为，包括教师的发布时间、是否做过修改；另一方面，还可以看出学生答题行为，包括做了多少题、正确率是多少。通过课堂上教师在智能化教学平台上记录学生的表现，为评价学生提供可量化的参考。

智能化教学平台还能起到行为监测作用，进行对比分析。例如，可以跟踪高考成绩不同、家庭环境不同的学生学习行为，与系统的数据模型进行比对，分析行为差异。从教师角度可以分析不同教龄、不同学历的教师，对教学过程的把控、教学效果等方面有何不同。

对教学评价中评分较高的教师，可以深入剖析他的教学过程具体好在哪里。对于成绩较差的学生，通过学习数据可以找到他是何时开始松懈的，是自始至终都不愿意学习，还是在学习过程中遇到困难产生了退缩情绪，从而清楚掌握学习者的学习态度于何时发生了变化，并且可以观察学习者在接收到学习预警后有无变化。

（4）虚实交融

智能化教学平台将虚拟和现实连接起来，促使学习者将学习与实践相结合。随着人工智能的发展，虚拟现实技术更加“智能”。通过人工智能可以提高虚拟空间的效果，带来更佳的用户体验。

①虚拟教师

面向未来的教学，虚拟教师要主动提出好问题，以激发学生思考的热情，积极主动探索问题的答案，并且通过问题要教会学生如何批判地看待世界。此外，更重要的是，虚拟教师要教学生如何提出问题，培养学生面向未来提问的习惯和能力。

②虚拟学习伙伴

虚拟学习伙伴可以与学生协作完成学习任务。虚拟学习伙伴可以通过故意提出错误的理解，激发学习成员的讨论，也可对成员讨论的结果做一总结性概括。借助人工智能为学习者构建虚实相融的学习环境，学习者在虚拟融合的环境中可以进行更加个性化、沉浸式以及趣味化的学习。通过个性化定制虚拟学伴形象，辅助学习者学习，让学习者集中注意力，在规定的时间完成学习任务，优化学习过程。虚拟学伴在学习者完成学习任务时给予点赞，未完成时给予监督鼓励，让学习者感受到人文关怀，积极、主动地去完成任务，不需要在教师和家长的压力和要求下被动地学习。

2. 智能教学平台的技术支持

智能教学平台借助自适应、大数据、云计算等技术，实现了教师、学生及家长的全面连接。

（1）自适应提升教学的精准性

随着学习者对个性化学习需求的呼声越来越高，以及学习分析技术的飞速发展，自适应学习技术从开始的不成熟，逐渐发展为成熟可行且有效的学习技术。它可以自动适应不同学生的学习情况，利用知识空间理论，拆分知识点、“打标签”（包括学习内容的难易度、区分度等），智能预测学生的能力水平，为学生推荐学习路径，精细化匹配学习资源，智能侦测学生学习的盲点与重复率，从而指导或帮助人们减少重复学习的时间，提高学习效率。

（2）大数据助推教学过程的科学化和可视化

大数据技术可实现学生学习数据全追踪，持续采集学生学习过程中的各种数据，对点滴进步进行一一记录。通过智能化教学平台将教师和学生在课堂上的每一个互动结果记录下来，并自动生成可视化的数据统计与分析图表。基于此，学生通过查看学习数据，找出不足，及时调整。教师可很好地了解学生学习特点，制订个性化的学习方案，深度分析学习者学习行为与学习数据，随时监测学生发展，从而可以合理调整教学过程、干预学习行为。

（3）云计算拓展了教育资源的共享性

通过云计算，学生的学习资源和教师的备课资源可在云端实现共享，拥有强大计算功能、海量资源的智能化教学平台，可有效解决当前网络教学平台建设中存在的资源重复投资、信息孤岛等问题。此外，学习者可通过网络连接从云端获取所需学习资源和服务。学习者的学习过程数据将实时储存到云端，保证学习数据不丢失，为分析学习者的学习行为提供数据支持。

3. 智能教学平台的功能模块

智能教学平台能够提供个性化学习分析、智能推送学习内容等服务。在数据采集上，将学生的学习档案数据、学习行为数据等信息数据存储在数据仓库中。在此基础上，整合自适应技术、推送技术、语义分析等人工智能分析和大数据挖掘技术，以支持学习计算。在学习服务上，提供个性化学习路径推荐服务。由此可见，智能化教学平台依赖三个核心要素，即数据、算法、服务，其中数据是基础，算法是核心，服务是目的。

（1）数据层

数据层是教育数据的输入端口，也是面向上层服务的基础接口，主要负责采集、清洗、整理、存储各类教育数据，一方面收集学习者的学习行为、学习成果、学习过程等信息数据，另一方面需要搜集教师教学数据，包括备课资源等。

（2）算法层

算法层主要由各种融合了教育业务的人工智能算法组成，按照系统的方法，对数据层的各类教学数据进行各种计算、分析，实现数据的智能化处理。比如，通过对班级所有学生的行为数据、基础信息数据和学业数据进行智能学情分析，得出学生个体与班级整体的画像，根据学习者的学习兴趣，为其提供不同的学习资料，布置不同难度的作业，激发学习者的内在学习动机。

（3）服务层

服务层通过接收来自算法层的数据处理结果，提供给用户所需的教育服务。在学习服务上，基于个性化分析结果，为学习者提供涵盖学习内容、学习互动、个性化学习路径等推荐服务，辅助学生进行个性化学习。在教学服务上，通过对教师教学过程进行数据分析，帮助教师总结得失、监控教学质量、调整教学设计，从而实现教学过程的精准化。

（二）智能教学机器人

1. 教学机器人及其特征

国际机器人协会给机器人下的定义是，机器人是有一定自制能力的可编程和多功能的操作机，根据实际环境和感知能力，在没有人工介入的情况下，在特定环境中执行安排好的任务。未来，如若人工智能跨越了情感交流的屏障，人类或许真的能与机器心灵相通。目前，人工智能已经进入社交和情感陪护领域。

在教育领域，教育机器人是以培养学生分析能力、创造能力和实践能力为目标的机器人。教育机器人使用到的关键技术主要有仿生科技、语音识别和自然语言理解等，它的发展目标是希望和“真人教师”一样进行感知、思考和互动，达到减轻教师的工作负担、优化教学效果的目标。教学机器人应具备以下特征：

（1）教学性

教学机器人应该具备广博的知识储备，并且具备自我学习、自我进化的能力，熟悉最新的科技发展成果。它能像真人教师一样，了解自身的专业结构，了解自己的教学法，了解学科知识层存在的问题，通过观察记录学生的学习情况，不断调整教学策略，实现由传统形式单一、经验主导的方式转变为人机协同，达到数据及时分享并深度挖掘的精准、个性化教学，真正完成传道授业解惑等教师的职业要求。

（2）自主性

教学机器人应该具备感知能力、思考能力，对教师与学生的状态能够进行及时准确的分析，能够进行自主决策。

（3）交互友好

机器人在与学生交流过程中，应该幽默有趣，能够吸引学生兴趣。作为学习伙伴，教学机器人应该能够进行无障碍人机交流，可以完成问题答疑、提供学习资源、引导学习互动的氛围等。

2. 教学机器人的分类

黄荣怀（北京师范大学教授，主要从事智慧学习环境、人工智能与教育、教育技术、知识工程、技术支持的创新教学模式等领域的研究）等将教育机器人分为机器人教育和教育服务机器人，机器人教育主要是以机器人为载体，通过观察、设计、组装、编程、运行机器人，激发学生学习兴趣，训练学生逻辑思维能力，培养学生的创新意识和动手实践能力，让学生在“玩中学”、在实践中获得知识。目前，大部分的学校还未将机器人教育归入正规课堂，多数还是采取课外活动、兴趣班等形式进行机器人教育。一般是学校预先购买机器人器材、套装或散件，再由专门教师进行指导教学。教育服务机器人是指可以执行一系列教与学相关任务的自动化机器。随着人工智能的发展，教育机器人开始频繁地出现在人们的视野内，并逐步应用于教育领域。

从我国教育机器人的发展现状来看，其应用情境分为两类：一是针对儿童的益智类机器人，主要陪伴儿童学习玩耍，为儿童提供多样化的教育方式，寓教于乐地引导儿童学习，促进良好生活习惯的养成，如智能玩具、教育陪伴机器人等；二是在教学领域中，能够为教学活动提供支持的辅助教学类机器人产品，如机器人助教、机器人教师、医疗机器人、特殊教育机器人、虚拟教育机器人等。

（1）益智陪伴类机器人

比起需要完成固定教学任务的教师来说，机器人可能更容易得到儿童的好感，吸引儿童的注意力。在儿童与机器人的交互中，可以培养儿童的语言表达能力、创造力和想象力，这些能力的发展对于处于认知发展阶段的儿童来说格外重要。如奇幻工房（wonder workshop）公司推出的名为达奇（Dash）和达达（Dot）的两个小机器人，它们是几个可爱的几何形体组合，可以帮助 5 岁以上的儿童学习编程，开发儿童的动手能力和想象力。

（2）辅助教学类机器人

世界上第一个机器人教师“Saya”是由日本科学家在 2009 年推出的，并在东京一所小学进行试用，为学生上课。她会讲多种语言，还可与学生互动，回答学生简单的问题，并可以完成点名、朗读课文、布置作业等基本教学活动，此外她还会做出喜怒哀乐等多种表情。韩国也大力推广机器人教师，从 2009 年起，30 个蛋形机器人在韩国小学教学生英语，受到学生的广泛欢迎，并且实践证明，机器人英语教师有助于提升学生英语学习兴趣。

此外，机器人还在医学教育领域扮演着重要角色，传统学医的学生想要独自做手术，需要在医院进行实习，而有时患者及其家属会拒绝实习医生的治疗。当前，亟须借助人工智能、虚拟现实等前沿科技力量提升医学教育水平。医学模拟通过各种教学系统和场景设置，为学习者提供实践学习，使学习者了解患者的病症，无需对真实患者进行实际操作。例如，在医学教学中用机器人来训练医科学生。墨西哥的国立大学，学习者练习了 24 个机器人患者的各种程序，这些程序连接到一个可以模拟各种疾病的症状的软件系统。患者均配有机械性器官，模拟呼吸系统和人造血液。

人工智能虚拟现实医学奠基人凯斯科萨瓦达思指出，“人工智能与虚拟现实结合是临床医学培训的新模式。”未来，可以将病患的核磁共振、CT 扫描等影像数据，通过人工智能系统处理，得到真实复原的全息化人体三维解剖结构并可将其投射在虚拟空间中。学习者可以在虚拟空间中全方位地直接看到病患真实的人体结构的解剖细节，对病变的器官进行观察和立体分析，精确测量病变器官的位置、体积、距离等数据。观察结束后，学习者还可以设计手术治疗方案，评估手术风险，虚拟解剖以及模拟手术切除等。

在我国，对机器人教师的报道也此起彼伏，北京师范大学与网龙华渔共同研发的“未来教师”机器人已经在部分学校开始测试，它不仅可以帮助教师朗读课文、批改作业，还可以通过传感器识别学生的身体状况，如果学生发烧，机器人会提示教师。更为神奇的是，它还可以帮助教师监考，发现作弊的学生。比如，江西九江学院的机器人教师“小美”，走进东北大学为机械工程与自动化学院的学生教授“机电信号处理及应用课程”的机器人教师“Nao”。

3. 教学机器人应用案例分析——Nao

小 i 机器人 Nao 是依托小 i 硬件智能云，通过云与硬件机器人相结合，使 Nao 成为能听会说、会跳舞、讲故事的陪伴型机器人。它可结合图片、文字甚至音频视频等媒体给学习者完整回复，让学习者在交流中解决问题。

（1）智能陪伴机器人的基本架构

智能交互机器人的基本架构主要包括以下模块：

①机器人核心模块及运行框架

包括通讯控制模块、服务接口模块、交互业务逻辑及二次开发框架等组成部分。该模块主要负责实现终端与后端服务引擎的通信接口服务，包括学习者与机器人系统的前端交互、响应调度、负载平衡等。

②智能服务引擎

智能服务引擎是自然语言处理和集成专业处理引擎的平台，包括服务控制接口、分词标注引擎、语义分析引擎、聊天对话引擎、场景处理模块、答案处理模块和知识索引管理等。智能服务引擎相当于机器人的“大脑”，是机器人实现智能的关键，它的智能性、精准度、并发性能等各个方面都会对系统产生关键影响。

③统一管理平台

通过智能服务引擎提供的应用程序编程接口（API），对机器人进行统一管理和维护，包括系统管理、运维管理、语音管理、渠道管理、服务管理和知识管理。

（2）陪伴机器人在教学中的作用

陪伴机器人在定制学习内容、引导学习互动、调节学习情绪方面对学习者的学习发挥有效作用。

在定制学习内容方面，教育机器人能够根据学习者的年龄、性别、兴趣爱好及知识水平为学习者推送适合的学习资源，如情景剧、动画片、电影或者电子图画书等。通过跟踪学习数据判断学生对当前学习内容是否感兴趣，进而判断是否进一步转入深度学习和扩展性学习阶段。

在引导学习互动方面，教育机器人的出现为搭建互动的学习环境提供支持。教育机器可以像人一样行走，它可以随时陪伴在学习者的身边，像父母、教师、朋友一样与学习者交流对话。在交流的过程中，教育机器人能够通过“观察”学习者的表现，在合适的时机进行提示引导，辅助学习者完成学习任务。

在调节学习情绪方面，教育机器人目前还不能识别学习者面部表情的含义、心理状态等，但随着人脸识别技术、机器学习技术的发展，未来机器能够读懂人类的情绪。教育机器人在识别到学习者学习有困难时，可以通过情感交流，鼓励指导学习者，比如，“你可以联想某一知识点，结果可能就会出来了”，让学习者感受到学习伙伴的支持，调整好学习心情。在宽松和谐的交流沟通氛围中，与智能陪伴机器人对话能够减弱学习者的畏惧感和焦虑感。

4. 智能教学机器人的实践困境与发展趋势

（1）实践困境

智能教学机器人驱动教学应用创新，为教学提供新的工具和资源，促进教学组织方式的进一步变革，有助于吸引学习者的学习兴趣。目前，教学机器人在教学中的应用还处于探索阶段。网龙华渔、科大讯飞等一些教育公司和研究机构设计开发出用于陪伴儿童学习的或是专门用于学校教学的教学机器人，形成了一定的社会影响。

教学机器人在真正的课堂教学中还未发挥其优势，在教学中的普及与推广还存在很多局限，主要体现在智能教学机器人的软硬件设施成本高、价格比较贵，配备教学机器人的家庭和学校需要具有一定的经济基础；教学机器人的智能性还不够；缺少相应的课程内容，教育机器人的设计与开发不仅要有技术上的突破，还要有教学设计师的配合，设计对应的教学内容，推动教学机器人的应用与实践。

未来教学机器人的研究应更关注教育教学的理论与教学机器人的深度融合，实现教学资源的共享。通过研发符合教学需求的新资源和新工具，为教学注入新的活力，助力教学创新。

（2）发展趋势

未来智能教学机器人能够达到与人类的特级教师相当的水平，或者达到特级教师都达不到的水平。智能教学机器人可进行学习障碍诊断与及时反馈，根据学生的学习状态向其提供帮助；智能机器人可与学生进行对话，在对话过程中，了解学生的需求，给予及时响应与反馈；感知学生的知识掌握状态，根据知识掌握程度提供差异化教学方案和个性化陪伴。

未来，希望能够通过智能教学机器人与儿童对话后，对一段时间的对话数据进行分析，发现学生在这段时间内的情感、情绪、认知方面存在的问题，根据发现的这些问题，给学生相应的帮助和支持，从而实现类似人类教师的智慧内置到智能机器人中，具备自然语言理解能力且具有和真人一样的交互性，这是教学机器人的理想发展目标。

（三）智能化学习软件

随着万物互联的实现，人工智能时代的信息变化速度会比互联网时代更快。因此，善于运用学习工具，如在线互动协作工具、信息检索工具、翻译工具等，可能会帮助学习者在学习过程中达到事半功倍的学习效果。

有效的学习工具可以促进学习者的主动学习，比如，在进行英语写作练习时就可以利用英语学习软件，自发组建英语学习小组，就感兴趣的话题展开讨论，写成文字报告，机器批改、同伴互改，学习方式互动性强，好友 PK、成绩排行等可以提高学习者英语写作的积极性。随着图像识别技术、语音识别技术的发展，越来越多的拍照搜题类和语音测评类的个性化学习工具被应用于教育领域，成为辅助中小学生课外学习的好帮手。这些软件都运用智能图像识别技术，使学生在遇到难题时，可以通过手机拍照上传，在短时间内就可以给出答案和解题思路。而且这些软件不仅可以识别机打题目，对手写题目的识别正确率也越来越高，在很大程度上提高了学生的学习效率。

这些学习软件作为学生学习的帮手,解决了传统教育环境下辅导机构价格高、优质家教资源少的困境，可以及时辅助学生学习，让学生做作业的过程变得更加轻松，从而让学生更加主动积极地去完成作业，进而促进学生的学习。

二、教学资源的优化

传统教学资源无法满足学习者个性化学习需求，难以促进教学方式的转变。人工智能应用于教学将有助于改善现有不足，本研究探讨人工智能在支持智能进化教学资源、智能推送教学资源及智能检索教学资源方面所发挥的功效，希望能够满足学习者泛在获取个性化资源的需求，为教学资源的智能化升级改造提供一定指导。

（一）智能进化教学资源

1. 教学资源进化的研究与发展

教学资源处在一个动态的生态系统之中，具有物种产生、发展、流通、竞争、成熟、消亡的一般过程，遵循优胜劣汰的法则。目前国内关于教学资源进化的研究还比较少。

程罡（毕业于北京师范大学教育技术学院，主要研究移动与泛在学习、学生支持服务、远程教育课程设计等）等在 2009 年指出，学习资源的发展要具备“可进化性”。随后，杨现民（博士，江苏师范大学智慧教育学院院长、教授、博士生导师，江苏省教育信息化工程技术研究中心副主任。主要从事移动与泛在学习、数字资源建设与共享、网络教学平台开发等方面的研究）、余胜泉（2000 年毕业于北京师范大学，博士，北京师范大学二级教授、博士生导师，北京师范大学未来教育高精尖创新中心执行主任、“移动学习”教育部——中国移动联合实验室主任，2008 年入选教育部新世纪人才支持计划）在 2011 年对学习资源进化的概念及内涵进行了详细论述，指出学习资源进化是指在数字化学习环境中，学习资源为了满足学习者的各种动态、个性化的学习需求而进行的自身内容和结构的完善和调整，以不断适应外界变化的学习环境，体现出“发展、变化、适应”的核心思想。杨现民对学习资源进化进行了一系列研究，包括对学习资源内容进化的智能控制进行研究，设计了生成性学习资源进化的评价指标，学习资源有序进化研究，并以学习元平台为例对学习资源进化现状与问题进行分析。

2. 教学资源进化存在的问题

教学资源进化所指的资源是数字化学习环境中的数字学习资源，并不包含传统意义上的一般教学资源（教材、试卷等）。当前教学资源建设模式基本可以分为两类，即传统团队建设模式和开放共创模式。传统团队建设模式下的教学资源，如网络课程、精品资源共享课等，主要是由专门的资源制作团队负责设计、制作与维护，主要用于正规学校教育，具有较强的专业性和权威性。但是，这种建设模式下的课程资源更新方式与传统教材并无区别，需要专门的维护人员进行资源的更新。虽然也有进化过程，但是资源进化更新速度缓慢。

随着 Web2.0 理念和技术的普及，教学资源的开放共创模式正在不断发展，可以让用户参与到教学资源的协同建设和更新，通过用户的集体智慧实现教学资源的不断进化。这种模式下的教学资源具有内容开放、更新速度快等优势，主要适用于非正式学习。然而开放共创的资源建设模式在进化过程中也存在一些不足，主要表现在以下两个方面：

（1）进化缺乏控制，散乱生长

开放的资源结构，如维基百科，允许用户协作编辑内容，在聚集群众智慧的同时也导致了资源内容的散乱生长。不同用户对同一学习资源进行添加、编辑、删除，导致原有资源内容混杂，可能存在与主题资源不相关的内容，严重影响了资源的质量。这些问题主要是由于缺乏完善有效的资源进化保障机制，缺乏对资源进化的智能有效控制，因此需要智能技术手段客观动态地控制资源进化方向，优胜劣汰，增强资源的生命力。

（2）资源难以动态关联

资源的进化除了内容的发展外，还关系到资源结构的完善。资源间的动态关联，有助于相似资源的合并，帮助学习者更快检索到自己所需资源。然而，数量庞大、形态多样的数字资源在组织、关联方面大多采用静态描述方式，缺乏可被机器理解和处理的语义描述信息。资源之间难以实现语义方面的关联，在很大程度上影响了资源的联通，影响了资源的优胜劣汰和持续进化。

3. 教学资源智能进化流程

目前对于学习资源的进化，大多还是从学习者进行个性化编辑或是专门人员的资源审核来实现资源的动态生成与进化。对于优质资源的良性循环、劣质资源的智能识别与淘汰、同主题资源的智能汇聚与选拔等，依旧是教学资源进化所面临的重大研究课题。资源进化需要更强的进化动力、更完善的进化保障机制和更适合的进化技术支撑。教学资源智能进化的目标是实现教学资源的不断自我更新、不断成熟发展、不断适应学习者的学习需求。因此，本研究尝试从资源自主智能进化角度，对学习资源进化进行初步分析，基于人工智能的一般处理流程，综合资源的语义建模技术、动态语义关联及聚合有序进化控制技术等，构建了教学资源智能进化流程。

（1）机器对新发布资源的质量进行把关

有关资源质量的评价量表，可以由国家教育部门制定，交由机器学习，在资源发布前由机器对资源进行打分，进行学习资源的质量把关，达到一定分数的资源才可以进行发布。目前，机器学习主要有两种方法，一种方法是像微软小冰学习写诗。小冰是一款人工智能虚拟机器人，它可以“读出”图片内容，然后像写命题作文一样生成一首诗。小冰是通过“学习”20 世纪 20 年代以来的 519 位诗人的现代诗，被训练了超过一万次，才学会写诗技能。当前，机器对资源的质量把关主要可以采取这种方式。另一种方法是像 AlphaGo Zero 一样“自学成才”，它不需要人类的数据，而是通过强化学习方法，从单一神经网络开始，通过神经网络强大的搜索算法，进行自我对弈。随着训练的深入，Deep Mind 团队发现，AlphaGo Zero 还独立发现了游戏规则，并走出了新策略，为围棋这项古老游戏带来了新的见解。未来，可能不需要由人制定资源的评价量表，而是由机器自主学习，实现对资源优劣的自我判别。

（2）机器对资源打标签

机器可以自动实现对资源进行语义标注。教学资源形式多样，有文字、图片、音频、视频等形式，对应不同的资源，机器标签也不同，如对于图片、文本就可以标注学习资源的知识点内容、内容质量、难易度等；对于视频、音频，机器要自主学习，在关键知识点处标记出知识内容，方便学生后期检索学习资源。教学资源的语义标注信息，可以使机器能够像人的大脑一样理解和处理信息，实现资源间的动态联通、重组和进化。

（3）机器对资源进行重组

机器通过语义关联，自动挖掘新上传资源与以往资源的语义关系，将相似资源通过语义关联机制，自动进行重组，实现对同类资源的自动汇聚（资源内容、资源形式），汇聚成专题资源。最终，所有资源都会成为资源网中的一个节点，在与其他资源节点的相互关联作用中实现自我进化。资源重组有效避免了资源的散乱生长，实现教学资源持续、有序进化。

（4）机器对资源进行追踪分析

对资源的使用情况还应建立相关评价机制，由机器跟踪、分析不同用户对资源的使用情况，包括用户对资源的评价、资源的浏览量、资源的使用频率等情况，机器自动进化优良资源，分解劣汰资源，从而保证资源的优化和调整，实现资源的“优胜劣汰”。

教学资源进化是一个复杂的系统过程，涉及资源、技术、人等多个要素，教育行业需要加大对资源进化的关注，促进资源的智能进化。

（二）智能推送教学资源

随着万物互联的实现，信息和知识的更新速度加快，使优质、个性化的教学资源在短时间内被用户获取，资源推送不失为一种好的方法，也是有效解决学习资源海量增长与学习者信息处理能力有限之间矛盾的有效措施之一。一些互联网公司已经实现商业上的个性化推送，如打车软件可以做到根据用户的位置、目的地等推送合适的司机；电商可以做到根据用户的浏览和购买行为进行追踪分析，实现个性化推荐商品。而资源推送在教育领域也不是新的概念，许多在线学习平台已经具备资源推送的功能。

传统的推送方式主要采用电子邮件推送、用户订阅、发送链接，没有实现个性化、智能化的推送目标。此外，在传统教学中，学生做许多道题，教师才可能发现学生知识点欠缺的地方。在教育领域中要想实现教学资源的个性化匹配，应考虑学习过程的复杂性，对于任何一个学习者，不论当前处于怎样的学习状态，其下一步要学习什么、怎么学、达到怎样的程度，这些都是需要综合判断和测量的。面对这些复杂的教学问题，要基于对学生特征的测量和量化描述，最终推送适合学习者的学习内容。

智能推送可以预测和识别用户的个性化特征与需求，从而有针对性地主动推送教学资源，以便在信息泛滥的大数据时代为用户提供针对性、个性化和智能化的服务，满足用户轻松获取所需信息的需求。

相比传统教学对学生采取的“题海战术”，利用人工智能帮助拆分知识点、“打标签”（包括资源类型、难易度、区分度等），为学习者个性化匹配学习资源，智能查找学生学习的盲点与重复率，从而指导或帮助人们减少因为“题海战术”而浪费的时间，提高学习效率。因此，本研究设计出智能推送教学资源的流程。

1. 数据获取及处理

智能推送的前提是获取大量的学习数据，通过数据挖掘与分析，了解学习者的学习习惯、学习兴趣、学习风格、学习偏好等个性化特征。智能化教学环境、教学平台、移动终端以及各种智能穿戴设备等，将学生学习过程数据实时记录下来。根据数据分析对象，提取数据分析中所需要的特征信息，然后选择合适的信息存储方法，将收集到的数据存入数据管理仓库。

2. 智能分析

通过人工智能对学习者的学习情况（学习者模型、学科知识掌握情况、学习情绪等）数据进行深度挖掘与分析，发现学习者的学习强项与知识薄弱点、学习兴趣、所需资源类型等。

3. 智能推送

将系统的资源与智能分析的结果进行比对，选择学习者需要的学习资源，进行针对性推送，保证资源推送的动态性与实效性。

4. 检测学习情况

系统推送测试题检测学习者知识点掌握情况，若当前知识点已掌握，则进入下一知识的学习；若判断学习效果不佳，则继续推送不同类型的学习资源。

（三）智能检索教学资源

1. 当前检索系统存在的不足

计算机和网络的发展为教与学提供了海量信息资源，如何更好地利用网络资源，提升资源检索的智能化程度是教育技术领域的重要研究方向。目前，网络上有很多搜索引擎。互联网的诞生给教育带来了前所未有的变革，信息资源异常丰富，从我国推行的视频公开课、资源共享课，到近些年由美国兴起的慕课，网络教育资源让学习者“足不出户”便可游遍知识海洋。但是真正想找到适合自身需求、高质量的学习资源却如同大海捞针。当前的检索技术方面还存在一些不足，主要表现在以下方面：一是个性化服务不足，大多数检索系统都是以关键词为检索方式，却无法适应每个用户的检索习惯；二是用户与搜索引擎的交互方式单一，大多还仅仅体现在文本输入形式的信息交互；三是搜索引擎的相关性和准确度不高，导致用户不能从检索结果中找到符合自己需求的资源。

2. 新一代搜索引擎的发展

人工智能的出现使得搜索引擎突破传统的网页排序算法，进化到由计算机在大数据的基础上通过复杂的迭代过程自我学习最终确定网页排名。早期的网页排序算法是通过找出所有影响网页排序结果的因子，然后依据每个因子对结果排序的重要程度，用一个复杂的、人为定义的数学公式将所有因子串联起来，计算出结果页面中最终的排名位置。当前搜索引擎所使用的网页排序算法主要依赖于深度学习技术，其中网页排序中的数学模型及数学模型中的参数不再是人为预先定义的，而是计算机在大数据的基础上，通过迭代过程自动学习的。影响排序结果的每个因子的重要程度是由人工智能算法通过自我学习确定的，使得搜索结果的相关度和准确度得到大幅度提升。

3. 智能检索对教与学的支持

近年来，通过人工智能在自然语言理解、语言识别、网页排序、个性化推荐等取得的进步，百度、谷歌等主流搜索引擎正在从简单的网页搜索工具转变为个人的知识引擎和学习助理。可以说，人工智能让搜索引擎越来越“聪明”了。搜索引擎的优化，让学习者精确找到所需资源，再也不会在知识的海洋中忍受饥渴，其对教与学的支持主要表现在以下两个方面：一是检索交互多样化。智能化搜索引擎可提供多种检索模式，如快捷检索导航、文本信息检索、语音检索、个性化定制导航等，为不同文化背景的资源需求者提供便利。二是检索结果个性化。根据个人信息登录的搜索引擎记录，对检索记录进行数据挖掘、动态语义聚合成个人知识引擎，根据学习者的爱好、搜索习惯等个性化提供资源类型（文本、图片、视频、音频等），有助于提升学习者的学习兴趣，开展自主学习，满足学习者的个性化需求，最大限度地避免网络迷航。

三、智能化教学环境

教学环境的发展是促进教学变革的基础。新一代的学习者对教学环境的建设提出了更高的要求，如智能感知学习者需求、个性化提供学习服务等。为满足学习者对教学环境的诉求，智能教学环境成为当代教育环境发展的必然趋势。

（一）智能化教学环境的概念与内涵

1. 教学环境的演变

教学环境是影响学习者学习的外部环境，是促进学习者主动建构知识意义和促进能力生成的外部条件。随着技术的发展，教学环境也在不断优化。从早期的留声机，到无线广播应用于远程教学、扩大教学规模，再到电视机支持电视教学，录像机成为视听学习源泉等，再到现代的多媒体计算机、网络，这些技术都在教学中发挥过举足轻重的作用，对教学环境的发展具有积极的推动作用。1998 年，美国前副总统戈尔提出“数字地球”的概念，并进而引出数字校园、数字城市等概念，教学环境的研究与实践步入数字化时代。然而，数字化教学环境下的学生的学习场所仍比较固定，就是教室，学生获取知识的来源也比较单一，主要是教师讲授，教师为教学主导，忽略了学生学习的主体地位，以灌输式完成教学任务，没有很好地指导学生形成勇于探索和批判的创新精神。

2. 智能化教学环境的概念

“数字地球”提出十年后，2008 年，IBM 公司总裁彭明盛提出“智慧地球”的概念。之后不同学者从各自的角度提出关于智慧（能）教学环境的构想。黄荣怀等认为，智慧学习环境是一种能感知学习情景、识别学习者特征、提供合适的学习资源与便利的互动工具，自动记录学习过程和评测学习成果的学习场所。通过分析不同学者的研究可以发现，虽然对智慧（能）教学环境定义的关注点有所差异，但其核心思想表现出一定的共性，即智慧教学环境是一个智能的学习场所或活动空间，它以学习者为中心，以各种新技术、工具、资源、活动为支撑，具有灵活、智能、开放等特性，为学习者的有效学习提供轻松、个性化学习支持。

（1）感知化

智能感知是智能化教学环境的基本特征。在人工智能与各种嵌入式设备、传感器的支持下，对教学环境进行物理感知、情境感知和社会感知。物理感知主要是指对教学活动的位置信息和环境信息进行智能感知，如温度、湿度和灯光等，为学生提供温馨舒适的学习环境；情境感知是从物理环境中获取教学情境信息，识别所需的各种原始数据，从而构建出情境模型、学习者模型、活动模型和领域知识模型，为教学活动的开展推送教学资源、连接学习伙伴等；社会感知包括感知学习者与教育者的社会关系，感知不同学习者的学习与交往需求等。

（2）泛在化

智能化教学环境应该是一种泛在的教学环境，能够支持教学共同体随时随地以任何方式进行无缝的教学、学习与管理，同时为其提供无处不在的教学支持服务。泛在教学环境不是以某个个体（如教师）为核心的运转，而是点到点的、平面化的学习互联“泛在”。目前，教学资源都是以文本、视频、音频、动画、图片等数字化形式存在，利用人工智能可将教学资源数据化，通过将音频转换为文字，将文字内容智能识别，可以提升信息的传播速度、提高教学资源共享率，而且可以根据不同学生的学习风格自动转换学习资源类型，帮助学习者获得良好的学习体验。

（3）个性化

在大数据、学习分析、数据挖掘等技术的支持下，为教师和学生提供个性化的教学环境是教学环境发展的重要方向。智能化教学环境通过感知物理位置和环境信息，记录教师和学生教学与学习过程中形成的认知风格、知识背景和个性偏好，从而为其提供个性化的教学资源、工具和服务。

（4）开放性

利用人工智能打造一种云端学习环境，为学习者提供开放的、可随时访问的、促进学生深入参与的学习环境，支持开放学校、开放教师、开放学分、开放教学内容，支持全球课堂的发展。云端学习环境下，学习者不再是系统地听教师的知识传授，因为知识在家里也可获取，在这种环境下重要的在于交流，学习环境由原来的知识场变为行为场、交流场、激发场，通过局部小环境的变化带来学校环境的整体变化。正如美国斯坦福大学的新型教育模式“斯坦福 2025 项目”所指出的那样，教育不是去教授，而是为学生创造新型的学习环境。

（二）智能化教学环境的技术支持

教育人工智能的目标就是促进自适应学习环境的发展。新一代人工智能发展规划指出，要实现高动态、高维度、多模式分布式大场景感知。人工智能不仅要听懂人类的声音，更重要的是要学会“察言观色”，感知人类的情绪。在这一方面，智能感知、智能识别等技术的飞快发展，为智能化教学环境提供了有力支撑。

1. 智能感知

智能感知是利用 RFID、QRCode 等各类传感器或智能穿戴设备，获取教师和学生的姿势、操作、位置、情绪等方面的数据，以便分析教学和学习过程信息，了解访问需求，连接最有可能帮助解决问题的专家，或者为学习者构建相同学习兴趣的学习共同体，提供合适的支持服务。

智能感知是实现个性化学习资源推送的基础，其目标是根据情境信息感知学习情境类型，诊断学习者问题，预测学习者需求，以使学习者能够获得个性化学习资源。智能感知涉及学习者特征感知、学习需求感知等。在学习者特征感知方面，智能教学环境综合数据分析和学习者行为分析，能够自动识别学习者特征，判断学习者的学习风格，从而帮助教师准确定位，实施更具针对性的教学。在学习需求感知方面，通过智能感知教学环境、识别学习者特征、学习数据分析等方面智能匹配学习任务、学习内容，根据学习者情绪变化智能调节教学进度。

2. 生物特征识别

生物特征识别技术是指通过个体生理特征或行为特征对个体身份进行识别认证的技术。其在教学中的应用较为广泛，无论是语音识别、人脸识别、动作识别，还是脑波识别，都属于生物识别范畴。这些识别技术应用于教学，有利于教师识别出学习者的学习状态，动态调整教学内容、教学进度，达到更好的教学效果。

（1）人脸识别

人脸识别是一种机器视觉技术，是人工智能的重要分支。近些年来，人脸识别渐渐走入我们的日常生活，如火车站安检、刷脸支付、刷脸开机（手机）等。

在教学领域，人脸识别在教学场景中也慢慢发挥其作用。一方面，人脸识别技术可用于国家教育招生考试中，严密防范考试作弊行为。另一方面，可以在智慧教室中配备高清摄像头，捕捉每一个学生的面部表情，根据面部表情分析出学生的注意力是否集中，以及对所学知识点的掌握情况，然后将这些数据反馈给教师。教师根据反馈调整讲课的节奏、讲课的内容，以达到更好的教学效果。来自美国北卡罗来纳州立大学的研究者，通过教学实践，识别、收集、分析学习者的面部表情，得出学习者的面部表情与皮肤电传导反应可以用于预测学习效果的结论，并指出当发现学习者出现学习困难时，可提供相应的学习辅导。

（2）动作识别

动作识别是人工智能模式识别的一个分支，研究怎样使计算机能够自动依据传感器捕获到的数据正确辨析人类肢体动作，将动作准确分类，还可以根据某些策略和规则对该动作提出干预意见，从而帮助人类修改可能产生的异常行为。动作识别可以用于实训型的教学场景中。传统实训课堂环境下，学生操作是否正确需要教师进行判别，但教师在有限精力内只能观测少量学生。将动作识别应用于教学环境可以有效解决以上问题，系统可以自动识别每一个学生的操作，与系统库内的标准动作进行比对，分析判断学生操作是否规范。

（3）声纹识别

声纹识别是指根据待识别语音的声纹特征识别讲话人的技术。声纹识别技术通常可以分为前端处理和建模分析两个阶段，声纹识别的过程是将某段来自某个人的语音经过特征提取后与多复合声纹模型库中的声纹模型进行匹配。常用的识别方法可以分为模板匹配法、概率模型法。通过声音识别，推断教学过程中学生的自尊、害羞、兴奋等情感，从而发现学生可能遇到的问题。

（三）综合的智能化教学环境——智能校园

智能校园是数字校园的进一步发展，也是建设智慧校园的物质基础，其主要强调依托人工智能等技术的应用服务。智能校园是智能化教学环境的重要组成部分，智能校园建设要以提升学习者的智慧为目标。

1. 智能校园的建设目的

（1）引领教学创新与变革

面对当前教学过程中存在的互动性不高、参与率低等问题和瓶颈，教学创新和变革迫切需要智能化环境为其提供支撑。智能校园通过情境感知、学习行为分析、大数据分析等工具，为实现技术与教育的深度融合、指导教育教学发展提供了可能。营造泛在、灵活、智能的学习环境，为教学、学习、教学管理与评价等提供优质的服务。面向未来高水平的智能校园建设，应该能够支持教学方式、学习方式、教学管理与教学评价的创新与变革，促进教育均衡发展。

（2）培养创新型、智慧型人才

建设创新型国家，培养创新型人才是国家首要的战略任务。从一定意义上说，创新型人才正以前所未有的时代需求承载着推进国家自主创新在激烈的国际竞争中占据主动。校园作为学生学习和生活的主要场所，对创新人才的培养发挥着不可替代的作用。而学生的自主创新意识不是教师直接赋予的，是在适宜的教学环境中成长的果实，就好像“橘生淮南则为橘，生于淮北则为枳”，人也是环境的产物。当下教育者的首要任务，就是要为创新人才的成长、发展提供所需要的环境和氛围。

2. 智能校园的建设内容

目前，各个学校与企业联合打造的智能校园建设主要包括智能网络基础设施、智能感知设施、交互式教学环境、智能管理控制中心、智能分析决策系统。

（1）智能网络基础设施

建设智能校园的基础是首先要建设智能网络基础设施。可以首先对现有的网络基础设施进行升级、优化与完善，打造云智能基础设施与虚拟网络存储空间，提升上传下载速度，确保学校无线网络无缝覆盖以及校园网的安全、稳定运行，保证教师和学生可以随时随地在线学习、下载资源。

（2）智能感知设施

融合人工智能、物联网等各种技术与网络环境，实现智能感知与管理。例如，通过校园摄像头的人脸识别功能，对学生的学习状况和人身安全进行检测。

（3）交互式教学环境

创造交互式教学环境的要点在于支持学习者主动建构问题，并为学生解决问题搭建良好条件（如提供相应设备、资源无缝获取等）。例如，新加坡南洋理工大学兴建的互动学习环境“创意之坊”有 56 间智能教室和 13 间讨论室，每个智能教室里有若干 LED 屏幕、无线通信设备及灵活的座椅。学生可提前进行在线学习，再到教室与教师、同伴进行深入讨论。学生可以将智能手机或平板电脑等设备连接到屏幕，进行头脑风暴。

（4）智能分析决策系统

通过对教学环境中的数据进行采集与分析，为学生个性化学习、教师精准教学、管理者科学决策提供支持服务。

3. 智能校园建设的策略

（1）加快创新，引领智能校园改革发展

创新是校园的灵魂和生命力所在。智能校园的建设应该在学校发展理念、目标、育人方式和育人环境方面有自己的特色，要以现代化的发展理念，主动融入“互联网 +”行动计划、大数据发展战略，结合自身校情，不断提升自身层次，坚持与时代发展同步，与师生要求相符。坚持创新发展必须全面推进教育创新，这是校园不断保持活力的根本。

（2）注重协调，促进智能校园持续发展

智能校园建设要全面、协调发展，首先要形成具有地方特色的校风、校训、办学思路、发展目标等内容，为整个智能校园体系建设提供精神动力；其次要形成一定的制度约束，包括各种管理和责任制度，对学校全体师生的言行起到约束作用；然后是智能校园的外在表现和物质载体，包括校园建筑、人文环境、活动设施等，它是能被师生直接感知的，从而影响身在其中的人们。在协调发展理念的引导下，要着眼学校的未来，形成可持续性发展，促使智能校园建设工作稳步向前。

（3）倡导绿色，促使智能校园健康发展

智能校园建设应大力提倡资源节约和环境保护，利用大数据技术对智能校园内的水、电等各种资源监控管理，利用信息技术的发展大力推进教学电子化和办公电子化，构建一套资源消耗低、综合效益好的运行模式。要引导师生树立资源节约和环境保护的意识，合理利用学校资源，全面实行低碳发展，这是绿色发展的第一个含义。同时，智能校园的建设要更加注重学生的身体健康。智能校园建设应推动绿色发展，营造舒适、健康的学习环境和智能化的生活学习环境，促进学生的健康成长。

（4）厚植开放，提升智能校园影响力

“互联网 +”背景下，人与人之间的联系得到了空前的拓展，智能校园要凝聚开放的共识，增强开放的自信，理清开放的思路，把握开放的重点，提高开放的能力，以互惠互利为准则，坚持“引进来”和“走出去”并重，拓展校园空间，形成开放创新新格局。

智能校园要开放发展，更加注重优化，努力弘扬和传播优秀校园文化，开创文化交流和文化传播新局面，提升校园文化影响力。一是需要进一步提升对外开放的层次。主动与世界名校联合开发在线课程，实现校际选课、学分互认机制；聘请国内外优秀师资，校企联合建设高水平研究中心、创客中心等，探索高层次学研新模式。二是要扩大对外交流力度，与国内外高校进行合作，扩大交流培养学习的机会，尽可能满足更多优秀学子的出国学习交流需要，同时积极为教师赴国外高层次机构访学交流提供便利。

（5）推进共享，打造智能校园共同体

共享发展理念要求实现人的公平发展，即实现人人参与、人人尽力和人人享有。智能校园建设要以共享为价值引领，让全校师生平等享用学校资源，同时让更多人共享资源发展成果，从而打造智能校园共同体。以共享理念打造智能校园共同体，首先要打破信息壁垒、信息孤岛，消除信息鸿沟，拓展智能校园功能，扩大共享的覆盖面，更加注重公平和正义。智能校园的空间和教学资源应对社会人员进行适度开放，使智能校园资源更好地服务社会的发展。未来是大数据时代，只有共享才能得到全面发展。

第三节　人工智能促进教与学方式变革

智能化教学资源和智能化教学环境的建设是教学变革的基础。在教师教学方面，人工智能可以辅助教师开展备课、授课、答疑等环节，有效促进教学进一步向智能化、精准化和个性化方向发展；在学生学习方面，人工智能可对学习者预习、交互、练习、深度学习等过程提供支持，帮助学生不断认识自己、发现自己和提升自己，改进学习体验。

一、智能化教学

人工智能应用于教学，可以辅助教师备课，实施精准教学，开展个性化答疑与辅导，而且可以大大减轻教师的负担，提高教学效率。

（一）教学发展的过程

随着信息技术的发展，教学形式也在不断变化。根据技术工具在教学中的应用，可以将教学发展过程分为传统教学、电化教学、数字化教学和智能化教学四个阶段。

随着幻灯、录音、录像、广播、电视、电影等技术在教学活动中的应用，传统教学开始向电化教学转变。从早期的留声机播放语言发音，到无线广播应用于远程教学、扩大教学规模，再到盘式录音机可以进行标准发音，以及后来电视教学、录像机成为视听学习源泉等，这些都对教学的发展具有积极的推动作用，扩大了教学范围，提高了教学效率。

在互联网、计算机、移动终端发展的推动下，教学模式逐步走向数字化，教学理念也由“教师主体”转变为“教师为主导，学生为主体”，师生地位被重新定位。网络技术、多媒体的广泛应用使教学形式更加丰富，出现了网络教学、混合式教学、翻转课堂等新型教学模式；音频、视频、动画等媒介形态和虚拟现实、增强现实技术使教学内容和形式更加多样化和立体化。

从传统教学到数字化教学，教学理念、教学内容、教学工具等都发生了很大改变，然而信息技术与教学还未深度融合，教学质量还未得到显著提升。面对数字化教学发展存在的难题，如何创新应用人工智能、大数据、云计算等技术提升教学的智能化水平，促进技术与教学的深度融合，成为智能教育发展亟待解决的问题。

（二）智能化教学的内涵

在传统教学环境下，由于缺少技术支撑，教师往往根据经验来开展教学，难以实现真正的个性化教学。近年来，伴随着大数据、人工智能等技术的发展，人工智能融入教学，使传统教师、学生为主的二元教学主体向机器、教师、学生为主的三元教学主体转变，有助于提升教师的教学智慧，促进创新创造型人才的培养。

1. 智能化环境是智能化教学的基础

智能化教学环境的建设为开展智能化教学创造了条件。传统教学、数字化教学再到智能化教学的改变是伴随着教学环境不断发展的，而每次变化都会对教学理念、教学模式等产生影响。在教学方式上，智能化教学环境提供的各种智能化教学工具和优质教学资源，为精准教学、个性化教学的开展提供了有力支持；人工智能与虚拟现实、增强现实的结合使教学更加立体、形象；大数据技术强化了对教学数据的分析能力，使教学更具针对性。

2. 机器、教师、学生是智能化教学的主体

教学主体的发展经历了教师唯一主体、学生唯一主体、双主体论、主导主体说、三体论、主客转化说、复合主客体论、过程主客体说等发展过程。

可以发现，无论是何种学说，教学过程的核心要素都是教师和学生，在教学中出现的音频、视频、动画等媒介形态，录音机、电视等教学工具，虚拟现实、增强现实等技术手段，也仅仅是充当辅助教学的角色，并没有改变教学核心要素的地位。当人工智能进入教学，机器可以在整个教学过程中辅助教师备课、演示、教学、答疑、测评，全方位陪伴学生学习，教学核心要素因此发生改变，教师、学生和机器成为教学的核心，机器将在教与学这一过程中扮演重要角色。

从教师—机器视角来说，一方面，教师可以向机器发令，利用机器帮助教师搜索优质教学资源，将智能机器生成的个性化教学内容推送至学生学习空间，通过学情分析报告了解班级整体学习情况；另一方面，机器可以向教师提醒教学过程中学生存在的问题，提供决策支持服务，帮助教师批改作业、进行答疑，减轻了教师的负担，使教师可以把更多的时间和精力用于提升教学质量和教学创新上，最终实现机器与教学场景的紧密融合，为学习者提供更具个性化的教学体验。

从学生—机器视角来说，学习者在学习过程中可以随时向机器提问，搜索学习资源等。而机器在学生学习过程中可以起到引导、陪伴、激励、调节学习情绪的作用，让学习者感受到学习伙伴的支持，减少畏难情绪，激发学习兴趣。智能机器通过分析学生的基础信息数据、行为数据和学习数据，智能生成个性化学习路径，提供个性化学习支持服务，推送个性化学习资源以及进行智能测评与及时反馈，帮助学生更好地进行自主学习。

从教师—学生视角来说，人工智能进入教学，教师能够及时感知学生的学习需求，提供个性化学习支持，学生与教师间的交互更加及时、流畅，教学不再是“满堂灌”，而是学生主动探索、主动学习的过程。

3. 智能化教学有助于提升教师的教学智慧

智能化教学使教师的课堂管理更加高效，教师可以实时掌握学生的学习状态，提供针对性的指导。通过智能化机器辅助教师备课，帮助教师批改作业，大大减轻教师教学负担，使其将更多的时间用于思考教学设计，与其他教师分享教学方法、心得体会，更好地进行教学反思，促进教学效果的提升。

（三）智能化教学模式设计

以教师、学生、机器为核心的教学主体的改变，将实现教师与机器、学生与机器、教师与学生的交互更加高效、开放和多元，技术的发展、环境的改善、自适应学习资源使得教学过程更加流畅、教学交互更加深入及时、教学效果更加明显。从课前、课中到课后，智能化教学相比传统教学在各个环节上都更加高效，围绕人工智能发展带来的变化构建了智能化教学模式。

课前，教师将学习目标、个性化的预习内容推送至学生个人学习空间，学生进行自主预习。教师可远程监控学生的学习轨迹，根据学习者的学习行为、学习进度及时推送个性化的学习资源，满足学习者的学习需求，并随时提供远程辅导。所有学生完成课前预习时，智能教学平台自动生成预习报告，教师可查看班级整体以及学生个体的学习情况，了解学生知识薄弱环节，进而调整教学内容，设计更具针对性的课堂活动。

课中，教师对学生课前的预习情况进行快速点评，总结学生在预习过程中存在的共性问题。通过智能教学平台，学生可以与教师实时互动，教师可以“一对多”地解决不同学生的问题，充分调动学生课堂学习的积极性，使每一位学生都参与其中；实时监控每一位学生的学习过程，了解其学习进展与困难，进行个性化指导。

课后是学生对课堂所学内容进一步深化的过程，智能平台对学生课堂学习的数据进行分析，智能判断每个学生可能存在的知识难点，提供个性化学习辅导。对于教师而言，智能教学平台可根据教师的教学过程和学生的课堂表现，给予教师关于教学方法的针对性建议，帮助教师及时反思、查漏补缺，实现分层教学。下面将围绕课前智能备课、课中精准教学、课后教学反思进行具体探讨。

1. 智能化备课

备课是真实教学实践的预演，其既是确保教学质量的条件，也是教师专业发展的途径，是教师教学工作的关键环节之一。备课过程中，教师要尽可能照顾所有学生的学习进度。而在真正的教学中，教学进度难以掌控，可能会出现有些学生“吃不饱”、有些学生“无法消化”等情况。由人工智能辅助教师备课，可以有效解决上述问题。具体的备课过程包括钻研教材、学情分析、规划教学过程。

（1）钻研教材

备课不能只做表面文章，应付学校检查，更不能一味地奉行拿来主义，拿起参考书就抄、拿起网络搜索的课件就用、有现成的教案就搬。教师要告诉学生本节内容在整个学习阶段的地位和作用、学习它是为解决什么问题、本节的思想方法是什么、学习后可以提升哪些能力。因此，备课的前提是教师要认真钻研教材，熟练掌握教材的内容，明确教学目的、教学重点和难点以及教学方法的基本要求等，要能做到统领全局，抓住教学主线。

教师在认真钻研教材的基础上，利用智能备课系统进行备课。首先，备课系统可以根据教师的授课教材信息和即将要备课的章节，向教师推荐优秀教案，教师通过学习教案，吸收先进的教学方法和教学思路。其次，备课系统可智能推送与该教材章节相关联的各类资源，教师自主选择适合教学内容的教学资源，或者通过智能备课系统自动搜索教学资源来充实教学内容。例如，IBM Waston 研发的教师辅助工具 Waston1.0，利用自然语言理解技术创建了智能搜索引擎，教师可以通过搜索找到所需的内容。另外，理论上通过人工智能深度学习用户的数据进行不断改进和完善搜索引擎，能够为教师提供丰富的资源。

（2）学情分析

教学是教师教和学生学的双向互动过程，因此对学生的分析是教师备课过程中不容忽视的环节。教师对学生进行分析，不仅要了解整个班级的学习氛围，还要了解每个学生对学科知识和技能的掌握程度、学习习惯和学习态度、思维特点等。学情分析是教师进一步设计教学活动、选择教学资源的依据。然而，教师以往对学生的分析一般是依据个人教学经验和对学生的主观认识进行的，无法了解班级所有学生的学习情况，也就无法实现真正地因材施教、个性化教学。

近年来，随着人工智能、大数据与学习分析技术的发展，教师可以轻松了解每个学生的学习特点。通过智能环境记录学生学习过程数据，基于大数据技术可以智能分析和挖掘学习者的知识掌握、学习兴趣、学习风格等信息。通过备课系统对教学平台上学生的作业练习、预习准备情况等数据进行挖掘分析，可视化呈现“诊断报告单”。报告上显示每一个学生对当前知识点的掌握情况，并给出分析，如何改进、对症下药，从而查漏补缺，制订科学、合理的个性化教学方案。这有利于满足学生的学习需要，提高教学效果。

（3）规划教学过程

教师在理解教材、了解学生的基础上，要依据学习者的学习风格、学习需求等参数，选择教学资源、教学策略，规划教学过程，要做到重点突出、难易适度、论据充足，以保证学生有效地学习。教师在对上述内容了然于胸时，通过搜索与整合智能备课系统中的资源，形成电子教案。同时，智能备课系统依据教案内容为教师制作课件以及提供课堂测试习题。教师仅需根据所教班级的学生特点与个人的教学习惯，对教案、练习题以及课件稍做调整即可用于教学。

2. 精准教学

精准教学是基于斯金纳的行为学习理论提出的方法，用于评估任意给定的教学方法有效性的框架。从理论上看，精准教学可以追溯到孔子的因材施教和苏格拉底的启发式教学，他们都把“精准”作为教学的日标和理想。

在传统教学环境下，由于缺少技术支撑，教师往往是根据经验开展教学，难以实现真正的精准教学。近年来，大数据、人工智能等技术的发展，使得精准教学成为可能。精准教学，是借助大数据、人工智能等技术手段提供个性化教学内容、实时监控教学过程、智能指导教学，即利用技术辅助教师更好地进行因材施教。

（1）提供个性化教学内容

当前学校教育中，教师根据课本以及学校安排的课程时间进行教学。每年的教学内容几乎一致，教师无法及时补充并拓展教学内容。而且，传统教学过程对所有学生采用统一的教材，不能为学生提供个性化的教学内容和研究方向。而要实现对学生的个性化教学，就要为学习者提供不同的教学内容。但对一个知识点实行个性化教学，就需要提供成百上千的教学内容，而所有这些知识内容都靠人工开发是不现实的。

利用人工智能可动态组合出符合学习者特定风格、特定能力结构、特定学习终端、特定学习场景、特定学习策略的个性化学习内容。在人工智能取得突破性进展以前，上述内容的提取和建模不太理想，因而为学习者提供个性化教学内容和制订个性化教学方案一直难以真正实现。随着人工智能、大数据、云计算等技术的不断成熟，基于上述智能技术进行学习者行为精准数据挖掘，为个性化教学内容建设提供了关键技术支撑。

目前，在提供个性化的学习内容和差异化的学习辅导方面，Knewton 平台可以满足不同学习风格和不同学习习惯学生的需求，并根据学生的学习进度不断调整。在技术层面，Knewton 平台构建了三部分基础设施，包括数据基础设施、推理基础设施和个性化基础设施。其中，个性化基础设施部分包括推荐引擎和预测分析引擎。推荐与分析引擎能为学习者持续推荐个性化学习内容，并对学生的内容掌握程度、学习表现等方面进行精准推断。

未来，每位学生学习的课程、科目、内容将不尽相同，实现个性化培养，打破同样年龄的学生在同一时间、同一地点学习同样内容的教学形式。

（2）实时监控教学，记录教学数据

传统教学中教师无法记录教学过程中的数据，而数据是基础信息，只有采集了教学过程中常态化的海量数据，教师才能说“了解”每一个学生，才能看到学生发展进步的动态过程。智能教学平台、智能穿戴设备等技术手段已经可以将教学过程中的数据记录下来，为指导教学提供支持。

课堂教学中，通过情感计算对整个教学过程进行实时监测，推断学生的学习状态和注意力状态，实时调控教学过程，并将这些监测数据实时上传至人工智能教学平台，作为教师评估学生课堂学习表现和改进教学策略的依据。学习状态和注意力状态监测主要包括声音监测、面部表情监测、脑电图监测等。

麻省理工学院的 Sandy Pentland 团队开发了一个“智能徽章”，它能追踪佩戴者的位置，也可以感知其他徽章佩戴者的位置，并从佩戴者的声音中察觉情感。未来可以将这项技术应用于教学，学生佩戴类似功能的徽章，当学生走神时，徽章通过信号传递到人工智能教学系统，使得教师可以轻易发现哪些学生需要被关注。

类似的，Altuhaifa 也提出了一个通过学生的声音推断情感的系统，该系统通过捕捉声音、提取语音的特征、从声音中提取情感、识别验证的声音、分辨重叠声音等过程，来对语音、语调进行分析，推断学生的兴奋、难过、害羞、恐惧等情感，从而发现学生在课堂上遇到的问题，并由系统提供一个合适的解决方案。

通过监测学生的脑电波来识别其注意力水平，也是一种可行的方案。由哈佛大学中国留学生组成的开发团队 Brain Co，研发出一款脑机交互应用 Focus1，该产品可以通过前额和耳朵后面的传感器来捕捉学生的脑电波，从而判断学生的注意力水平。

（3）精准指导教学

在借助相关智能教学平台组织教学的过程中，实时便捷地采集学生学习过程中的数据，智能分析学生的学习态度、学习风格、知识点掌握情况等信息，使教师能够精准掌握学生个体的学习需求，智能辅助教师开展动态的教学决策，依据教学数据，开展针对性教学，从而帮助每一个学生实现个性化学习，用技术提升教学效率。另外，通过统计班级整体的学习氛围状况、薄弱知识点分布、成绩分布等学情信息，教师能够精准掌握班级整体的学习需求，最终为合理规划教学资源、恰当选取教学方式提供专业指导意见，实现教学过程的精准化。

3. 智能化答疑与辅导

个性化答疑与辅导一直是教育追求的目标，然而课堂教学时间有限，教师无法为所有学生答疑和辅导，但人工智能的发展，为解决上述问题带来了新的方案。

（1）智能辅导系统

智能辅导系统是指一个能够模仿人类教师或者助教来帮助学习者进行某个学科、领域或者知识点学习的智能系统。一个成功的智能教学系统应当具备教育者的基本功能，即拥有某个学科领域的知识，用合适的方式向学习者展示学习内容，了解学习者的学习进度和风格，对学习者的学习情况给予及时而恰当的反馈，帮助学习者解决问题。通常情况下，一个智能教学系统通常包括学习者模型、领域模型和教学模块。学习者模型主要描述学习者的知识水平、认知和情感状态、学习风格等个性信息；领域模型是采用各种知识表示方法来存储学科领域知识；教学模块（或辅导模块）是具体实施教学过程的模块，包括生成教学过程和形成教学策略的规则。

例如，IBM 的 Watson 助教是通过建立教育领域的专家知识库，实现类似教师功能的智能指导。美国佐治亚州理工大学计算机科学教授艾休克·戈尔用人工智能回答 MOOC 课程问题。他将名为吉尔·沃特森（Jill Watson）的机器人（一款基于 IBM 沃森技术的聊天机器人）安排做助教，为学生授课 5 个月，这一聊天机器人回答问题能力非常强，学生甚至没有注意到课程助教是个机器人。

未来，通过建立相应的知识图谱与知识库，结构化处理后内置到机器人中，人工智能就可以实现接收问题，建立问题库，自动答疑，并将典型问题转送给教师为学习者答疑解惑。

（2）利用智能图像识别技术进行扫描识图、在线答疑

教学中有时会存在一些抽象难理解的知识点，比如，物理的磁场分布、化学的有机分子空间构型等。对这些抽象的知识点，学生学起来很困难，同样教师教起来也会感觉无从下手。为了将这些抽象的知识变得具象化，一些教育机构将人工智能与增强现实结合，推出了将人工智能应用于教育行业场景的产品——“AR知识点解析”，即通过图像识别、增强现实、3D模型等技术原理，将抽象的知识真实、立体地呈现在学习者面前。以前不擅长空间想象的学生，对于这些抽象的内容可能无法理解，但是跟随AR动态的讲解，学习变得轻松高效。

学习者在学习过程中只要对着书上的一张二维图像进行扫描，手机就会在较短的时间内匹配出正确的知识解析，帮助学生梳理相关知识点，为学生呈现清晰的知识脉络；当学生在解题过程中遇到困难时，只要手机点击相机切换至AR模式，手机摄像头就会对题目知识点配图扫描提取特征点，并与已记录的知识点配图特征点进行配对，从而加载预先设计好的3D模型知识点信息，将原本枯燥、抽象的知识点变得更加直观形象，大大提高复习效率。

立体化呈现，将内容严谨、有趣的科学知识以逼真的画面呈现，会让学生犹如置身其中，轻松领略自然、科学、历史、人文、地理的千姿百态，而且可以增强学生的体验感，同时对提升学生认知能力很有帮助。

二、智能化学习

学习方式变革应关注学生的“学”，着重思考怎么引导学生学习，通过创设不同类型的学习任务，营造支持性学习环境，帮助学习者自适应预习新知、智能交互学习新知、智能化陪伴练习、智能引导深度学习，从而提升学习效果。

（一）学习的发展过程

基于学校教育的学习发展过程主要经历了传统学习、数字化学习和智能化学习三个阶段。这三个阶段的学习方式是递进的，新学习方式的出现以原有学习方式为基础，每一种学习方式在不同阶段都会被赋予新的内涵。

传统学习主要依赖教材，是学生进行记忆、背诵、纸本演算的学习过程，学习只是为了知识的提升，仅仅考查学生的知识掌握程度，忽视了综合素质、能力

的培养，导致学生只重视考试成绩，制约了学生创新能动性的发展。

数字化学习对人类学习发展具有重要意义，引领人类的学习进入网络化、数字化和全球化的时代。数字化学习是指学习者在数字化学习环境中，借助数字化学习资源，以数字化方式进行学习的过程。它包含三个基本要素，即数字化学习环境、数字化学习资源和数字化学习方式。数字化学习环境主要通过多媒体设备、交互式电子白板、计算机和互联网构建。数字化学习资源具有多样化、丰富性等特点，可以实现大范围的开放共享，满足学习者多元化的学习需求。数字化学习资源和学习环境的支持，为多样化的学习方式提供了条件，有助于促进学习者综合素质的全面发展。

（二）智能化学习的内涵

贺相春（教育技术学博士、副教授、硕士研究生导师、互联网教育数据学习分析技术国家地方联合工程实验室副主任、甘肃省高等学校创新创业教育教学团队成员。研究方向为在线与移动学习环境构建、教育大数据分析与应用、学习分析与评测、自适应个性化辅助学习等）认为，智能化学习是学习者在智能导师、智能学伴的协助下开展泛在学习，获得虚实结合的无缝学习体验，开展创新实践与研究性学习。还有学者认为，智能化学习的特点主要体现在易获取性、及时性、持续性、主动性、交互性、场景性。综合相关学者的论述，本研究认为，智能化学习是学习者在智能化学习环境中按需获取学习资源，自主开展学习活动，享受个性化学习支持服务，获得及时反馈评价，能够正确认识自我的不足与优势，促进综合素质和创新能力的提升。

1. 正确认识自我的不足与优势

正确认识自我的不足与优势是学习者能够运用合适的方法提升自我的基础。在传统教学过程中，学生的学习比较被动，一致的学习内容、学习工具、学习活动，缺少个性特征。标准化的学习使得学习者容易随大流，难以真正认识到自己的不足与优势。智能化学习过程中，学习者可以获得自适应学习资源，通过智能化测评工具获得及时反馈，发现自己的认知特征、学习偏好、优缺点等。智能化学习能让学习者清楚自己的学习目标，定位自己的发展方向，认识自身存在的价值，挖掘自身潜能，实现个性化成长。

2. 促进综合素质和创新能力的提升

智能化学习的最终目标在于提升学习者的实践能力、创新能力和终身学习能力。智能化学习强调情境感知，使学习者在情境中获取知识、在实践中运用知识，启发学习者的创新意识，不断激发学习者的求知欲，让学习者在探索知识的过程中提升自身综合素质和创新能力。

（三）智能化学习的一般流程

智能化学习是在智能化学习环境中开展的以学习者为中心的学习活动，不仅能够使学习者及时获取所需资源、评价反馈，还能使其享受个性化学习支持服务，使学习变得更加轻松、高效和有趣。

1. 自适应预习新知

自适应学习是一种复杂的、数据驱动的，很多时候以非线性方法对学习提供支持，可以根据学习者的交互及其表现动态调整，并随之预测学习者在某个特定时间点需要哪些学习内容和资源以取得学习进步的方式。自适应学习不仅有利于真正实现个性化学习，而且有利于个性化人才的培养。

目前，人工智能已经广泛融入自适应学习技术支持的产品或服务中，智能化教学平台就是典型的应用。人工智能支持的自适应学习不仅可以提升学习者的学习兴趣，使学习者积极参与其中，而且能够提升学习者的自主学习能力，帮助学习者找到适合自己的学习方法。例如，Knewton 作为目前影响力最大的自适应学习平台，通过为学习者提供自适应内容定制和预测分析，为学生提供个性化的学习体验。

知识不再是课堂上由教师传授，而是由学习者在课前自主预习、自主获取。智能化环境为学习者开展课前自主预习提供了有效支持。课前教师通过智能化教学平台，根据个体的行为特征、学习习惯以及学习进度，推送具有针对性的学习资源至学生个人学习空间，方便学生进行预习。这种预习是具有可控性的，对于学生有没有完成预习、预习的情况和答题情况，都会在教师端以数据的形式直观呈现。教师可以对学生的学习轨迹进行远程监控，及时了解学生的预习情况，并对预习数据进行分析，初步了解学生在预习过程中遇到的问题以及容易出错的知识点，做好教学记录，并随时提供远程辅导。

自适应学习要能够在具体场景中巧妙呈现学习资源，激发学习者的学习兴趣，让学习者在潜移默化中增长知识。将知识融入具体生活场景中，更有助于学习者的消化吸收。因此，要尽可能创设情境实现自适应学习，具体可以从以下三个方面来实现：

一是“知人善供”。自适应学习的前提是人工智能系统要了解学习者的特点和需求，在此基础上运用人工智能。系统可随环境的变化因人而异地提供适配的学习资源，每位学习者都可以听到与自己专业相关且感兴趣的话题。

二是“识物即供”。在学习者用手机扫描自然环境中的物体时，人工智能系统可以对其识别，并在此基础上为学习者自动显示、朗读、播送识别物体的相关内容。学习者可以自主控制朗读的节奏、是否显示中文翻译、是否进行反复听读，同时系统可以向学习者推送相关内容。

三是“远程随供”。可利用人工智能推送国外或较远距离场景化的内容，从而让学习者借助不断变化的条件进行更好的情境化的学习，进而更好地培养学习者的国际化视野，让学习置于真实的环境之中，从而达到更好的学习体验，提升学习者的学习效率。

此外，还可设置人工智能虚拟教师，使学习者可连接任意场景，听虚拟教师讲解自己感兴趣的地理、文化等，让学习回归到具体场景当中，如各种日常生活、旅游出行、校园生活、职场办公、休闲娱乐等。学习者也可通过角色扮演，参与到具体的学习场景中，将枯燥的学习内容变为形象、立体的内容，进而学得轻松、愉快、高效率。

2. 智能化交互学习

心理学家皮亚杰（Jean Piaget）认为，学生在学习过程中与外部环境进行互动交流，有助于逐步构建起自身的认知结构，从而有效提高学习效率。但是传统课堂教学过程中缺乏有效的互动，学生大多处于被动学习的地位。

近年来，人工智能领域的研究者也开始探索各类新的技术层面的交互方式，如自然语言处理、模式识别等，这些技术可用于提升教育人工智能应用的性能。而人机交互是人工智能领域的重要研究部分，人机交互可以重构学习体验，提供更具互动性的教学，甚至可以从视觉、听觉、触觉来影响人们的认知。人工智能可以从以下两方面为学习交互提供支持：

（1）人机交互重构互动性的学习

前文提到的智能化教学工具——智能化教学平台可帮助重构互动性学习。

第一，通过智能化教学平台和学生使用的手机移动终端，上课前，学生通过扫描投影幕布上的二维码即可完成签到，教师再也不用浪费时间点名，从而节省了课堂时间。

第二，传统课堂上，个别教师一般只关注成绩较好或较差的学生，这些学生被点名回答问题的次数也就比较多，而其他学生与教师交互较少，也存在侥幸心理，不会认真思考教师提出的问题，而智能化教学平台可以有效解决这一问题。通过随机提问功能，让学生的名字滚动在屏幕上，让每一位学生都可以集中注意力，认真思考，有效提升课堂交互效果，平均关爱到每一位学生。还可以通过抢答功能，解决学生故意低头不愿意举手回答问题的冷场情况，改变传统学习习惯，活跃课堂教学气氛。而且教师可以将学生的回答记录到教学平台上，给出评价。

第三，随堂测试功能可以方便教师实时掌握学生的课堂学习情况，调整教学步调。课堂上可以进行实时答题，教师可以自由选择是否开启弹幕，学生通过手机或者平板电脑发表疑问、提出看法。这些内容会实时显示在屏幕上，以弹幕形式的教学模式极大地吸引学生学习兴趣。

第四，学生可以将课下预习过程中存在的问题发布在教学平台上，一方面，通过人工智能系统的语义识别，机器可以及时回复学习者提出的基础性知识问题，极大地节省师资；另一方面，教师可对学生学习有一个大概的了解，明确教学中的重点和难点。

（2）小组交互构建学习共同体

智能化教学平台还有一个分组功能，教师可以利用人工智能对每个学生的知识点和技能操作水平的了解进行合理分组，从而完成特定任务。智能化教学鼓励学生进行合作学习。人工智能社会，很多工作不是凭个人能力就可以完成的，它需要团队合力完成，在团队中，每个人都发挥自身优势，精诚合作。通过小组成员互相督促和引导，在课前一起预习教师推送的学习资料，共同发现问题、解决问题，有效培养学生的探索能力；课堂上可以对教师所提问题共同探讨、自由发表意见，教师也可以通过这一过程了解学生学习心态与思路；课下，可以共同完成分组作业，培养学生的交际能力与合作能力。

3. 智能化陪伴练习

陪伴是最好的教育，但是很多家长对陪伴有很多误解，以为陪孩子做作业、随时跟在孩子身边就够了，这些最多可以看作保姆式照顾，不是陪伴。陪伴是能够理解孩子、懂得孩子的心理变化，能够相互信任，适时鼓励、表扬，这样的陪伴对培养孩子的独立自信、与人合作能力等都具有积极作用。

人工智能和机器人的快速发展，使得过去遥不可及的高科技产品渐渐融入日常生活，除了家庭扫地机器人、智能音箱等，越来越多的智能陪伴机器人出现在人们的视野中。

（1）人工智能陪伴学习的作用

①智能侦测学习盲点

“题海战术”是学习者最常选择的查漏补缺方式，学生往往需要做大量的练习，教师才可以发现学习者知识欠缺的地方。然而盲目学习的结果往往是浪费时间、事倍功半。

相比传统教学对学习者采用的“题海战术”，利用人工智能帮助拆分知识点、“打标签”（包括学习内容、学习风格、倾向性、难易度、区分度等），就可以为学习者实现精细化匹配，智能侦测到学习者学习的盲点与重复率，从而能够指导或帮助人们减少重复学习的时间，提高学习效率。对教师来说，拥有了学习者全套的学习轨迹数据，在提供教学服务时，效率会提高很多。

②兴趣驱动，引导学习

自主学习过程比较枯燥，自控能力弱的学习者很容易中途放弃。人工智能学伴要根据学习者的学习兴趣和知识掌握水平，为其提供文本、视频、音频等个性化学习资源，并根据学习者学习进展自动调节难度和深度。人工智能学伴在学习者完成学习任务时为其点赞，未完成时给予监督鼓励，让学习者感受到人文关怀，从而积极、主动地去完成阅读任务，不需要在教师和家长的压力和要求下被动地学习。自主学习过程，树立了学习者的主体地位，学习者自己定学习目标和学习进程，独立展开学习活动，学习效果也就越好。

③实时交互，启发引导

学习者在学习过程中可能会产生各种各样的问题，此时，充当百科全书的机器人可以陪在学习者身边，随时为学习者解答问题，并且通过互动启发引导学习者，让学习者先自己动脑思考，给学习者提供思考和想象的空间。这样的陪伴有助于培养学习者主动思考的能力和创新能力。

④自动化测评

在学习者完成教师布置的作业后，人工智能学伴能够对学习者的作业进行自动批改，一方面帮助学习者纠正错题，补足知识薄弱环节；另一方面，发现学习者的闪光点，充分挖掘学习者的优势，激发其学习兴趣。

（2）人工智能学伴要培养学习者的各种能力

知识信息快速更迭的时代，如果学习者仅仅是“等靠要”的被动学习，那么其终将会被社会所淘汰。在我们现在所处的信息社会，已经有很多人读研究生，甚至三四十岁再读博士也屡见不鲜。在将要到来的人工智能时代，教育阶段与工作阶段的区分将会消失，自主学习将取代传统的被动式学习。

人工智能学习伙伴要指导学习者进行自主学习，帮助学习者掌握自主学习方法，因为学习方法远比学习内容更重要。学习者在学习过程中应以自主学习为主，教师指导为辅。传统教学中教师就是权威，学习者总认为教师很厉害，等待教师将所有知识教给自己。这种想法是错误的，教师也不是万能的，只是对自己的研究领域很熟悉。学习者要敢于创新，拥有能超过教师的信念，主动去研究、探索。人工智能学伴可从以下三方面指导学习者：

①培养学习者独特的学习方向和目标

人工智能时代，仅靠背诵和反复练习就可以掌握的知识是没有价值的。雨果奖获得者郝景芳曾说：“学习方向要强调那些重复性的工作所不能替代的领域，包括创新性、情感交流、艺术、审美能力等。”正是这些有时对家长和教师来说似乎不可靠的东西，其实是人类智力中非常独特的能力。人工智能学伴要从生活角度出发，培养学生的分析问题能力、决策能力和创新能力，这些在未来社会是最不容易“过时”的知识。

②培养学习者人机协作思维方式

未来是人机协作的时代，一些工作可能会由机器所替代，一些工作可能由人机协作才会取得最佳效果。而且未来人也可以向机器学习，从人工智能的计算结果中吸取有助于改进人类思维方式的模型、思路甚至基本逻辑。事实上，围棋职业高手们已经在虚心向 AlphaGo 学习更高明的定式和招法了。因为 AlphaGo 走的步数人类从来没有见过。向机器学习，在学习的基础上消化吸收，进而创造性地提出新的想法。学习者从小与人工智能学伴一起学习、成长，可以在潜移默化中学习到机器的思维方式，掌握人机协作的一些技巧。

③培养学习者的合作能力

很多人常常认为，一个聪明人想出一个好创意就叫创新，其实创新为导向的自主学习不是自己闭门造车，那些单打独斗的人往往不容易获得成功。当下的创新更多的是具有不同专长的人团队合作的结果。要从小培养学生的合作能力，在与学习伙伴合作学习的过程中，学习者的沟通能力、分析问题能力等各方面的能力都将得到提升。

4. 智能引导深度学习

建设终身学习型社会已是国际教育的重要发展方向，培养学习者的深度学习能力已经成为重要的时代命题。当前，深度学习在教学领域已经表现出常态之势。而在人工智能领域，机器深度学习被认为是人工智能取得突破性进展的功臣，成为近几年的热门话题。因此，本研究尝试对技术行业与教育行业的深度学习进行解读，分析人工智能时代下人类深度学习的发展策略。

（1）技术领域的深度学习

在 2017 年 5 月的人机围棋大战中，AlphaGo 以 3 局全胜的绝对优势战胜世界排名第一的围棋冠军柯洁，人工智能再次引发各行各业的重点关注。这背后，深度学习功不可没。无论是 AlphaGo 还是近期的“小度机器人”，均离不开人工智能、机器学习和深度学习技术。能体现人类智能的一个重要指标就是“学习”，而机器学习作为通过机器模拟、实现人类学习行为的技术，是实现人工智能的重要途径。机器学习可分为符号学习、人工神经网络、知识发现和数据挖掘等，目前应用较多的是人工神经网络。深度学习是机器学习新的研究领域，其因人工神经网络的隐层数量多而得名，它是机器学习得以实现的有效技术支持。

深度学习主要是模拟人脑的分层抽象机制，通过人工神经网络模拟人类大脑的学习过程，从而实现对真实世界大量数据的抽象表征。简单来说，通过深度学习，机器能够自己从大数据中寻找特征、抽象类别或特征、总结模型。与深度学习相对应的是机器的浅层学习。浅层学习是指在仅含 1~2 隐层的人工神经网络中的机器学习。

毫无疑问的是，当前人类的神经网络要比机器的神经网络复杂许多，隐层数量（深度）也大得多。因此，人类具有进行较为深度学习的条件，这也是实现培养智慧人的基础。机器进行深度学习的最终目标是达到人工智能，进而帮助人类解决现实生活中的难题。由此可知，从教与学的角度衡量，教育人工智能是提醒人类进行这样的反思：既然人可以教会机器进行深度学习，那么在教学中为什么不能教会学生进行深度学习？

（2）教育领域中的深度学习

20 世纪 50 年代中期，美国学者费伦塞默顿（Ference Marton）和罗格萨尔乔（Roger Saljo）率先提出深度学习的概念。而我国关于深度学习的研究起步较晚，黎加厚教授于 2005 年发表的《促进学生深度学习》论文中首次发表深度学习概念，他指出，深度学习是在理解的基础上，学习者批判性地学习新思想、新知识，将它们与原有的认知结构进行融合，做出决策并解决问题的学习。此后，国内许多研究者对深度学习进行了界定，但目前仍然没有一个统一的概念。还有学者对深度学习资源和学习内容、深度学习的目标与评价体系、促进深度学习的策略和方法、深度学习设计等进行了研究。

"如何促进深度学习"成为当今教育学者研究的核心内容。人工智能的发展，使得教育人工智能可以更深入地理解学习是如何发生的，是如何受到外界各种因素影响的，进而为学习者深度学习创造条件。

（3）人工智能时代深度学习的发展策略

传统的智能导师系统大多是针对某个具体研究领域的学习需求制定的，而这些学习系统常作为学校教育的补充，未能对学习者的学习产生较大影响。伴随着人工智能的发展，人们对人工智能技术变革教育领域抱有较大期望。希望人工智能技术不仅仅局限于促进学习者学习具体的、结构化的知识和技能，更要帮助学习者获得解决复杂问题、批判性思维、深度学习等高阶能力。人工智能技术的发展，已为学习者从"浅层学习"转入"深度学习"提供了支持。总体来说，教育人工智能可从以下两个方面来促进学生的深度学习：

①深度思考是深度学习的基础

"问题通向理解之门"，深度学习是学习者内在学习动机指引的积极学习。深度学习过程中，问题的建构至关重要。因为解决问题的过程就伴随着"提出问题""发现问题"，而中国传统教育常常忽视这一过程。深度学习的基础是能够以恰当的方式提出有价值的问题。

问题要从生活中来，到生活中去，比如，环保问题、粮食问题、教育公平问题。教育不仅仅要教会学生如何回答问题，更要教会学生如何提出问题，尤其要培养学生面向未来提问的习惯和能力。

②科学分析制定学习内容

深度学习能否有效推进，学习内容是学与教的活动过程中的关键要素之一。

未来，有望借助人工智能帮助教师分析，在合适的时间、合适的地点呈现合适的学习内容。教学机器可根据学习者的性别、兴趣爱好及知识能力水平等，推送学习者认知水平范围的学习资料。首先由教学者人工设置深度学习预警标准；其次由机器根据学习者的学习行为通过数据追踪判断学生对当前学习内容是否感兴趣，与教学者设定的深度学习标准进行比较，进而判断是否转入进一步的深度学习和扩展性学习。通过人与机器的合作，为学习者有效开展深度学习提供合适的学习内容，促进学习者进行更加深入的思考。

第四节　人工智能促进教学评价与教学管理创新发展

教学变革包括教学评价与教学管理变革，应采取与新型教学方式相匹配的教学评价方式和教学管理手段，监控教学过程和质量。技术的发展和教学环境的优化创新，使得教与学的过程数据越来越丰富，教育工作者要利用大数据、学习分析等技术对教学数据进行充分挖掘、深入分析，实现教学评价与教学管理的自动化、智能化和科学化。

一、智能测评

现代教育制度是工业革命时代形成的，工业社会盛行大规模标准化生产，与其配套的教育模式也是大规模标准化培养。工业时代的教育模式是“标准化教学+标准化考试”，标准化考核、确定性知识成为教学和考试的重点，也是评价学生的唯一依据，而需要深层次思考讨论的非标准化的内容被取消了。

随着信息技术的快速发展，评价手段也越来越趋于自动化和智能化，如客观题可直接由计算机自动批改并进行数据分析，主观题（口语题、数学题、作文题）可由人工智能系统进行评价和批阅。利用技术辅助教学评价，不仅节省了人工评价成本，而且大大提高了评价反馈的及时性和准确性，进而提高教师教的效率与学生学的效率。

（一）智能测评的内涵

在图像识别技术、自然语言处理、智能语音交互等人工智能技术的推动下，智能教学测评走向现实。智能测评是通过自动化的方式评估学习者的发展的。自动化是指由机器承担一些人类负责的工作，包括体力劳动、脑力劳动等。

通过人工智能，可对数字化处理过的教学过程、教学数据进行测评与分析，在教学领域已经得到初步应用。一是利用语音识别进行语言类智能测评，这类语音测评软件能够根据学习者的发音进行打分，并指出发音不正确的地方；二是利用自然语言理解和数据分析技术对学情智能评测，跟踪学生学习过程，进行数据统计，分析学生在知识储备、能力水平和学习需求的个性化特点，帮助学习者与教师获得真实有效的改进数据。

（二）智能测评的特征

1. 评价结果科学化

传统的学习评价多是在阶段性学习后进行的测评，如期中考试、期末考试等，但仅仅通过考试去评价学生记忆了多少知识是片面的，不能对学习者的学习起到促进作用。科学评价应实事求是，尽量减少教师的个人主观因素对评价结果的影响。智能测评通过技术的支持，对每个学习者建模，结合知识图谱和智能算法，使每个学生都能及时得到评价反馈，更加关注学习者整体、全面的发展，将评价贯穿于教学活动的始终。学习者可以根据智能测评结果去反思自我，获得努力方向。

2. 评价反馈及时化

（1）语言测评及时反馈

在语言学习过程中，传统语言学习主要是以跟读为主，但有时教师的发音也可能不标准，学生模仿教师进行发音，也无法具体判定发音是否标准，语言学习的评价存在滞后性。随着语音识别技术的发展，系统能够听懂学习者的声音，学习者可以反复听读，系统可以实现逐句打分，根据发音、流利度来实现机器对学习者发音的纠错与反馈。通过机器反馈，及时对学习者进行纠错，这有助于学习者进行自主学习和练习，使其在语言学习时敢于大胆张口，不用完全依靠教师，在学习内容、学习方式、学习时间上更加自主。

（2）学情测评及时反馈

传统教学过程中，教师批改作业费时费力，学生交上的作业、试卷往往最快也需要到第二天才能得到反馈，而且教师批阅的成绩分析往往只停留在分数层面，难以进行深层次的分析，无法实现对学生学习的个性化指导。而学习者往往在刚做完作业或试卷时，对自己未能掌握的知识点印象最深，若此时能够将学习者欠缺的知识点呈现给学生，学习者必将印象深刻，从而取得较好的学习效果。智能测评通过机器批阅作业，及时给予学生反馈，并给出学习指导，从而激发学生的学习积极性。

（三）智能测评的关键技术

1. 语义分析技术

语义分析是指机器运用各种方法，理解一段文字所表达的意义，它是自然语言理解的核心任务之一，涉及语言学、计算语言学以及机器学习等多个学科。随着 MC Test 数据集的发布，语义理解备受关注，并取得了快速发展，相关数据集和对应的神经网络模型层不断涌现。例如，2017 年人工智能机器人参加高考就是具备了基本的语义分析能力。

（1）语义分析的过程

一是词法分析。机器通过“语料库和词典”获得用户内容中关于词的信息。一篇文章是由词组成句子，由句子组成段落，再由段落组成篇章，要实现语义理解，首先要找出句子当中的词语，确定词形、词性和语义连接信息，为句法分析和语义分析做准备。

二是句法分析。根据语法规则，解析句子的结构，包括主语、谓语、宾语以及语法规则等。

三是语义分析。语义分析从单个词开始，结合句法信息，理解整个句子的意思，再结合篇章结构确定语言所表达的真正含义。

（2）语义分析教学应用

一是交互信息分析。语义分析在教学中的应用环境主要包括在线学习、网络培训等，如对大规模在线开放课程（MOOC）中学生交互信息、发帖信息等文本类的信息进行分析。

二是作业批改。目前的智能批改产品基于语义分析，已经可以实现对主观题进行自动评分，能够联系上下文去理解全文，然后做出判断，如各种英语时态的主谓一致、单复数等。

2. 语音识别技术

语音识别技术（auto speech recongnize）的研究问题是如何使计算机理解人类的语音。让计算机能够听懂人们说的每一个词、每一句话，这是人工智能学科从诞生那天起科学家就努力追求的目标。语音识别技术的研究经历了三个主要过程，首先是标准模板匹配算法，然后是基于统计模型的算法，最后到达深度神经网络。当前我国领先世界的人工智能语音识别的准确率已达到 97% 以上，并且响应速度很快。机器能够听懂人类语言，并及时给予反馈。将语音识别技术应用到英语学习，能高效支持学习者进行听、说练习。另外，语音识别的应用也层出不穷，如语音助手、语音对话机器人、互动工具等。科大讯飞的语音识别已经应用在全国普通话等级考试、英语口语测评中，而且与人工专家相比，机器测评的各项指标均遥遥领先。

语音识别越来越智能，比如，语音识别可以实时将语音转换为字幕，比如，当发言者说“我叫张红”时，字幕上就出现了“我叫张红”，发言者接着说“虹是彩虹的虹”，机器已经可以做到直接将字幕“我叫张红”改为“我叫张虹”。语音识别未来的发展方向是向远距离识别发展，当前的是近距离的语音识别，未来对于远距离讲话，技术也可以精准捕捉到声音，精准识别。

3. 光学字符识别（optical character recognition，OCR）

OCR 是指通过电子设备来检查纸上的文字，通过检测字符形状，然后用识别方法将形状翻译成计算机文字的过程。通过该技术将手写文本转换成数字化文本格式。近几年，图像识别技术发展迅速，不仅可以准确识别机打文本，而且对手写文本的识别也已达到较高的识别准确率。目前科大讯飞公司手写识别技术的准确率已经达到 95% 以上。文字识别为机器自动批改奠定了基础。

（四）智能测评的一般流程

智能测评可以实现针对每一个学习者进行一对一的教学评价。智能测评的一般流程如下：

1. 预测学习者的学习能力

在教学活动开始前，预判学习者的学习能力，对学习者的知识和技能、智力和体力以及情感等状况进行“摸底”，判断学习者对学习新任务的适应情况，为教学决策提供依据。其类似于传统诊断性评价，但更加强调技术性和科学性。它可以为教学过程提供支撑，帮助教师了解学生掌握知识、技能的基本情况，了解学生的学习动机、学习风格、学习兴趣，发现学生现存的问题及原因，进而设计出适合不同学生特点的教学方案。

但是传统的诊断性评价多数采取特殊编制的测验、学籍档案观察分析、态度和情感调查、观察、访谈等，测试的内容主要是学生必要的预备性知识，对学生科目学习的整体水平难以预测。例如，传统语文阅读教学中，由于阅读分级标准尚未建立，缺乏科学的指导，所以教师大都在“摸着石头过河”。这类似于以前没有医疗设备时医生的看病过程，比如，中医的望闻问切，完全是医生凭借积累的行医经验诊断病情。后来随着医疗器械的发展，这些设备可以辅助医生进行诊断，进而对症下药。那么，教师能否像医生一样，通过技术设备，找到学生的问题所在，进而可以“操刀”辅导？答案是肯定的。现在，教学中的“望闻问切”式的老式诊断性评价，也已经有了技术的支撑。

通过对学习者学习能力的预判，可以使学习者清楚地了解当前自己的学习知识、能力结构与学习需求之间的差距，学生也可以清楚地看到自身问题，进而进行针对性学习。

2. 机器编制试题

传统为学生提供练习和考试时，编制试卷麻烦又复杂，一份考试试卷的制订往往需要一个教师花费较长的时间，而且对试卷中需要覆盖的知识点、试卷的难易程度较难把握。人工智能的发展已经实现由机器编制试卷，系统可以根据前期对学习者学习能力的测试，分析出即将编制试卷的难度系数、考查的学科能力等，针对学习者的知识薄弱点进行针对性出题。

3. 机器批改

机器批改的原理是采用智能学习的方式，通过统计、推理、判断来决策。通常由专家批改约 500~1000 份试卷以后，机器就能够归纳出试卷的评阅模式并构建出一个模型。这个模型对其他试卷就可以进行有效的处理和覆盖，然后再根据该模型自动批阅其他试卷。由智能机器批改作业，减轻了教师的批改负担。

4. 分析报告

机器批改后，呈现的不仅仅是一个冷冰冰的数字，而是一份温情的“分析报告”。通过这个分析报告，学习者可以清楚地了解到自身学科知识点和能力点的掌握情况，清楚地看到问题所在，使学习更加高效。而且，学习者也可将这份分析报告交给自己的教师，让教师进行指导。

（五）智能测评的案例——英语口语测评

传统的学习评价为了检测学生的知识掌握水平，多以总结性评价为标准。技术支持的评价体现在智能测评，通过语音识别技术、语义识别技术等，实现与人进行“对话”，利用技术设备去评判普通话水平、英语口语能力、写作能力、做题能力等。对于英语听说考试、普通话考试等耗时、费力的语言测试，都可以实现基于人工智能的自动评测。

随着语音识别技术的发展，英语口语学习告别了单纯地听录音和发音模仿，实现了口语语音的识别与纠正。基于语音识别技术，“英语流利说”APP 应运而生。英语流利说是融合创新的英语口语教学理念和语音评测技术的英语口语练习的应用，让学习者轻松练习口语。应用流利说进行英语学习主要有以下几个步骤：

1. 预测英语水平

流利说可以在学生正式开始学习之前为学生测试确定英语水平。测试的结果从听力、发音、阅读、语法、词汇等方面给予反馈，通过各项技能的具体描述，让学习者清楚了解当前的英语水平，为后续学习提供支撑。例如，在听力方面，可以大概听懂日常生活的话题材料；在口语方面，可以简单轻松谈论兴趣、旅游、运动等日常话题；在阅读方面，能够看懂日常简单的材料；在写作方面，能够书写简短的信息和留言。通过先前的测试，系统会根据学生的水平提供相应的学习内容，然后学生根据个人的学习基础和需要，定制学习模式和学习目标。每个学生根据自己的学习基础、能力，自定步调，激发学习动机，增强学习自主性。

2. 自由地学习

英语流利说的学习方式是学习者先听对话或文章——这些对话都是经过系统编排、发音标准清晰的地道美语对话——听完后，学习者进行跟读，由系统对学习者的发音进行实时打分，同时标注出发音不准的单词。学习者为了取得更高的成绩，需要反复进行听读练习、录音。不同水平的学习者可以选择不同的学习资料或自己感兴趣的材料进行练习，同时流利说的自适应学习系统通过递归神经网络的深度学习模型，使得系统掌握自我学习的能力，从而进行有针对性的个性化学习。

3. 灵活智能测评口语能力

随着全球化进程的日益加快、国际化交流的日益增多，人们对应用英语进行交流的需求越来越高，开展英语听说考试可以促进学生口语能力的进步，但相比其他语言技能测试，口语测试组织难、成本高。传统口语测试往往判断发音、连读、意群、语调等是否正确，评价主观性较大。当前的英语口语考试，通过给出一幅或一组图画，让考生用英语描述图画表现的故事，进而考查学生灵活应用英语的能力。依托智能语音技术的英语听说智能测试系统，可以实现自动化考试和评分，评分客观准确，避免人工评分中能力、情绪、疲倦等主观因素的影响。

4. 科学分析，有效提高学习效率

传统的英语学习经过十几年的学校教育，系统化地对词汇、语法进行学习，然而一些学习者还是不能利用英语流畅自由地交流。例如，对于词汇的学习，一本词汇书从 abandon 开始学习，几乎没有学生背到最后。阅读一本英文原著，如果没有翻译工具，可能一页都看不完。学生需要做海量的题目，教师才可以发现学生知识点欠缺的地方。传统的英语学习方式亟须改变，要利用人工智能技术提升英语学习效率。

（六）智能测评的实施建议

智能测评能够进一步解放教师的生产力，使教师可以将更多精力放在创新教学上，有更多时间与学生交流，还可以根据数据为学生提供个性化反馈，从测评方面把握学生知识点的薄弱环节，进行专攻。

但是对于智能评测，不应只是作为批改作业、提高效率的工具，智能测评的核心在于它是否可以满足未来教育的需要，是否强调学生的认知过程，是否发展了学生的批判思维能力等。加强人工智能技术在教学评价中的应用研究任重而道远。重视那些机器不能代替人的领域，包括艺术和文化的审美能力、创新创造能力、交流沟通能力等，这些都是人类智能独特的能力。

二、差异性评价

（一）差异性评价的内涵

传统的教学是标准化的教学，仅仅通过考试简单评价学生能背多少知识、记忆多少知识显然是不合理的。因为每个学习者都是独立的个体，要个性化地评价每一个学生，不能使用统一的评价指标和方式。科学评价学生，要关注学习者的差异性，尊重学习者的个性特征，以发展的眼光对学习者进行差异化评价。这种差异性的评价体现在评价的侧重点上，也可体现在评价难度等级的差异性上。例如，对先天运动细胞强的学生，从训练强度、训练指标等多个角度去评价其体育发展。而对于先天体弱的学生，只要对其基本运动情况进行评价即可，不需要进行深入评价。根据多元智能理论，关注学习者的差异性，发现每个学生所擅长的方面，进而给予积极反馈，帮助他们取得更好的发展；对于在某方面学习有困难的学生，帮助他们找到合适的学习方法。

（二）差异性评价的原则

1. 发展性原则

教学评价不仅要关注学习者的当前表现，还要考虑学习者的未来发展。因为评价对象总是处于不断发展变化中的，所以评价体系也应是动态的，这样才能适应学生的更好发展。评价的发展性，是根据学习者的知识、能力、态度等评价指标，对学习者的过去和现在表现做对比分析，着眼于学习者未来发展的目标，给予学习者现状的评价，帮助其更好地迈入下一成长阶段。差异性教学评价，通过不断采集学习者的数据，进行学习者建模，利用人工智能技术，动态调整评价指标，充分了解学习者认知变化特点，为学习者提供支持。

2. 多元性原则

技术支持的差异性评价的多元性表现在评价取向和评价标准、评价方式方法的多元性。首先，在评价取向和标准上，差异性评价不局限于对学生知识、技能掌握的评价，而是将学生的情感与态度、过程与方法、知识与技能、创新创造能力等方面纳入评价体系，实现评价内容的多元化。人工智能的发展将促使每个学习者都有自己的评价标准，每个人的评价标准都不同，让学习者可以看到自己的进步，获得更多的肯定，激发其学习动力。其次，在评价方式方法上，技术的飞速发展使得评价手段趋于自动化和智能化，改静态化评价为过程性评价，调动每个学生参与评价的积极性，使其在评价中获得充分发展。

评价内容的多元化让每个学生都能发现自己的长处，有利于学生取得更好的进步。例如，如果学生被人夸奖“这孩子体育真厉害”，他可能就会在体育上更加充满干劲，从而获得更多积极的反馈，得到更好的成绩。

3. *激励性原则*

每个学习者都渴望得到家长、教师的赏识，而教学的艺术就在于激励、挖掘学习者的潜能。激励可以营造轻松愉悦的学习气氛，使学习者感受到成就感，产生积极向上的学习动力。差异评价要通过评价系统为学生制定合理的发展目标，坚持适度原则，让学生朝着期望的目标努力。系统根据学习者的表现情况给予反馈和鼓励性的评语。学习者所获得的激励性评价，可以进一步激发学习热情。

（三）差异性评价的数据采集与分析

为了实现根据数据和事实进行评价，许多学校采取了数据采集措施，如考试、问卷等。然而这类学习结果类的信息属于静态信息，采集不到学习者学习过程中的信息。当前，随着智慧校园的建设发展，智慧学习环境日益成熟，具有数据采集能力的智能教学平台、可穿戴设备、数码笔等设备的应用，为解决传统无法采集学习过程数据的问题提供了技术方案。

通过采集学生学习过程中的数据，可以实现全方位地评价学生的目的。差异性评价，应该在以学生为主体的教学环境中去评价学生。例如，信息技术的发展变革了传统课堂，出现了翻转课堂，将学习的主动权从教师转移到学生，以学生为主体，综合评价学生各方面的表现，如创新创造能力、团队协作能力等。

近来，一些学校也开始尝试在学生用一般纸笔书写的情况下采集学习过程数据。准星云研发的智能笔加上后台人工智能评测系统，可以对学生的答题过程进行数据采集，智能分析学生做每一题速度的快慢，以及知识点欠缺的地方、思维缺陷等。准星云学的智能笔与普通笔的外形和使用方法完全一致，它可以在不改变学生当前的书写习惯下，精准采集学生书写的笔迹数据，利用系统知识库，对学生的做题速度、错误答案及原因，进行智能分析。对于教师，智能评测实现帮助教师自动批改，做到“批得比人细，批得比人准”，教师每天节省批改时间，可用来与家校沟通，真正实现减负增效。对于学习者，通过智能测评，可以自动及时地获取批改结果，及时反思，自动查漏补缺，逐一攻破薄弱知识点，提升自主学习能力。

除了学习过程的数据采集，学生的生理、情感等状态数据的分析也十分重要，但这类数据却较难采集。随着技术的发展，越来越多的可穿戴设备、RFID、眼动仪等设备应用于教育领域，实现了真实采集学习者的日常行为数据，供精确化学习分析和教育评价使用。例如，利用眼动技术对眼动轨迹的记录，提取诸如注视点、注视时长和次数、上下眼帘间距等数据，从而研究个体的内在认知过程。有学者通过眼动仪采集 2~3 岁婴幼儿对儿童图画书页面区域的注视时长等行为数据和生理数据，以评估婴幼儿在阅读图画书时的阅读偏好、识图能力、理解能力等。

在未来的智能教学环境中，通过高清摄像头来获取学生上课时的举手、练习、听课、喜怒哀乐等课堂状态和情绪数据，根据面部表情分析出这个学生的注意力是不是集中，以及其对当前的这个知识点的掌握情况如何，从而生成专属于每一个学生的学习报告，然后将数据及时呈现给教师。教师可以依据这些数据反馈，优化课堂节奏，调整教学内容，以达到更好的教学效果。这些摄像头不是为了监控学习者的某些小动作，而是为了使教与学之间实现良好的互动。

（四）差异性评价的实施建议

1. 虚拟助教助力实现差异性评价

要实现针对每一个学生的差异性评价，仅仅依靠教师是不现实的，教师的精力是有限的，无法兼顾每一个学生。当前，无论是智能化教学平台，还是学生学习时的软件工具、智能陪伴机器人等，都可以将学生学习过程中的数据记录下来，并生成可视化报表，从课前的学习态度、课中的学习投入度与参与度、课堂的学习效果等方面来全面评价学生，并给出个性化学业指导。

未来，每一个学习者都将拥有一位属于自己的个人虚拟助教，实时记录学习、行为数据。在学习过程中，虚拟教师应当了解学生在学习中的需求，协助学习者在学习过程中不断探索自我，发现自己的优势与不足。虚拟助教可以为学习者提供及时的反馈，针对学习过程中的问题，调整学习策略。在评价时，虚拟教师应当关注学习者的个体差异，激发学习内在潜能，进而提升学习者的自信心。

2. 改革传统评价标准

利用人工智能技术，设计一个教学评价反馈系统。比起使原本就很优秀的人变得更优秀，我们应该更多地通过后期的支援来辅助那些不太擅长某方面的人，这才更符合真正的教育观。

革新以往的评价标准，从传统考查学生关于记忆的知识性内容，变为重点评价学生的创新创造能力，从而破除“高分低能”的弊端。改革后，以前依赖记忆取得高分的学生，现在有可能分数不高，学生要想获得高分数，就需要自主学习，独立思考问题，认真完成每次的学习任务。

学习评价应当以促进学习者的发展为根本目的，及时、全面地了解学生的学习生活情况，充分发挥评价对学生学习活动的激励和导向功能，达到使学生会学、乐学的效果。评价的关注点可以是学生的课堂参与度、积极性和思维发展方面的内容。比如，有些学生喜爱读书，但是课堂上不听讲；有些学生理论能力强，但实践能力弱；有些学生成绩好，但是团队合作时表现弱等。在教学中要发现学生的学习兴趣，个性化评价每一位学生，挖掘学生的长处，帮助弥补学生不足，促进学生的全方位发展。

三、教学管理的创新

随着信息化的发展，我国的教育管理已经取得了有目共睹的成绩，如建立了教育管理公共服务平台、建立了教育管理信息化标准体系，全国正逐渐形成自下而上的教育数据采集和管理机制。近年来，通过数字校园、智慧校园的建设，企业与学校共同开发了各类教育管理系统，简化了办事流程，提升了管理效率。

然而，人们对教育管理的期待也在不断提高，在人工智能时代，教育管理如何通过人工智能技术向科学化、精细化转型，成为重要的议题。

（一）人工智能与教学管理的契合

1. 教学决策科学化

教育管理的核心主要有两大部分，第一是搜集信息，第二是做出决策。对于一般人来说，搜集信息后在同一时间能够处理的数据是有限的，而机器却能够高速获取和存储这些数据。管理者凭借经验和知识积累灵活处理少量问题的能力比较强，随着人工智能技术的发展，由机器解决相关问题变为可能。

2017 年 10 月，谷歌下属公司 Deepmind 团队在国际学术期刊 Nature 上发表了一篇研究论文，宣布新一代人工智能程序 AlphaGo Zero 通过纯粹的自我学习，在没有人类输入的条件下，能够自学围棋，并以 100 ： 0 的成绩击败“前辈”。当人们对小度机器人提问“对北京城市管理有什么意见”时，小度机器人回答“不堵车吧”。由此可见，未来通过人工智能全面接收数据、观察评价、发现问题、分析问题并提出决策建议将成为可能。

首先是在宏观国家层面。可通过数据可视化和数据挖掘技术实现管理决策的科学化和信息化。一方面，通过人工神经网络支持的“指数增长预测法”模型，可预测未来每年的学生数量、生均教育经费、教育经费需求的数值，合理科学划拨教育经费，智慧调度教育资源，推动教育事业持续健康发展。另一方面，《新一代人工智能发展规划》中指出，完善人工智能领域学科布局，设立人工智能专业。这是在人工智能技术迎来突破时期，国家教育层面积极响应培育智能学科人才。未来通过人工智能数据挖掘从教育行业提取数据，结合市场人才供求、教育动态等，可以帮助教育决策者合理设立或取消一些学科，使教育所培养的都是社会需求的人才。

其次是在中观学校层面。不同类型的学校可以根据各自学校特色制定相应的教学规划。当前我国教育管理系统已经积累了大量的学生个人信息数据，如每年采集的国家学生体质健康标准数据等，通过数据挖掘关联算法，对学生教育过程中的培养方案、课程设置等数据进行相关性分析，为管理人员科学制订培养方案、设置课程提供理论指导，提高教育决策的精准性。数据采集、统计分析能够为教育决策（学校布局、教育经费分配等）提供数据依据，而科学决策又会助推教育事业的持续、均衡发展。

最后是在微观个体层面。目前学校的教学管理一般是以学校整体、年级或班级为单位进行整体分析，对教师或学生个体的分析往往是凭借经验，缺乏数据来证明教师教学决策或教学安排的预期效果，因此可能会存在学生不感兴趣、教学效果不理想的困境。教师管理是教学管理工作的关键环节。教师安排的教学内容是否与教学大纲一致、是否能被学生理解、重点难点是否突出，都关系到学生的学习效果。《教育部 2018 年工作要点》中指出，启动“人工智能 + 教师队伍建设”行动，探索信息技术、人工智能等支持教师决策的新路径。未来通过人工智能教师与人类教师协同教学，通过人工智能教师了解学生的知识储备、学习风格等个性特征，与人类教师共同制订教学计划、安排学习路径，根据学生的反馈调整教学方案等，为学生提供极致的教学体验。

2. 教学管理智能化

学校顺利开展各项工作的前提是要有高效的教学管理。人工智能的融入将会使教学管理工作更加有序、高效，更好地体现服务，使传统的教学管理从“延迟响应”的人治模式走向“即时响应”的智治模式。

教学管理涉及方方面面，要通过智能化管理实现减员增效。目前，在教学管理过程中，数据的采集、录入、汇总、导出、分析、更新等工作仍需人工去完成，教学管理仍处于人治模式，智能化程度较低。未来，通过智能化教学管理系统，将人事、科研、后勤等有机结合，实现共享与动态更新教学管理信息，从而实现智能化管理，保证对突发事件的即时响应。

首先在资产和能源管理方面，不少高校已经尝试利用人数据技术、物联网技术对学校的资产和能源进行管理，并取得了良好的效果。例如，江南大学自主设计开发的“数字化节能监管系统”可以自动感知能耗，实现节能服务，打造低碳校园。而人工智能在校园资产和能源管理方面将发挥更大效用。通过善用人工智能技术分析改善电能消耗，实现节能减排。Deep Mind 团队曾为谷歌开发过一套系统，通过机器学习管理数据中心，将数据中心的电源使用率提升，用电量减少了 15%。百度也利用人工智能节能降耗，在百度总部大楼试行人工智能能源管理。将人工智能应用于校园能源管理中，使能源得以有效利用，打造低碳校园环境。

其次在舆情监控方面，出生于“数字土著”时代的学生每天都在接收形形色色的网络信息，他们不只是信息的接收者，更是信息的生产者和传播者。网络信息传播的快速性，使得学生有时难以分辨信息的真假，学校的舆情管理也较难把控。传统依靠学生干部上报和管理者筛查的方式难以继续下去。舆情管理的关键是提前洞悉舆情的未来发展，在舆情初期即时响应，进行控制和引导。人工智能是舆情监测的有效方法，是预测舆情和处理舆情的有力工具。人工智能在舆情管理方面的效用主要体现在以下两个方面。一是通过人工智能全天候监测校园舆情，智能分析，针对学生所关注的热点事件，进行舆论引导，实现科学预测舆情、快速处理舆情；二是通过网络爬虫技术对校园网站、贴吧等社交网站的不良信息自动剔除，营造良好网络环境。

通过人工智能系统自动汇聚学生在校相关数据，自动分析处理，将结果反馈给班主任或教师，提高自动化管理水平，从学生生活点滴入手，避免突发事件的发生。精准及时的自动化管理不仅避免了人为管理的漏洞，也将管理者从重复性劳动中解放出来，让管理者去从事更具创造性的管理工作。

3. 教学管理人性化

目前以学生为本的教学理念根深蒂固，相应的教学管理理念和方法都应创新，不再是传统的管控和治理，而是变为一种管理服务，满足学生主体的内在需求，为其提供便捷、高效的服务，从“重管理，轻服务”的管控思维向“用户需求”转变，使得教学管理更加人性化。

近年来，随着人工智能技术的发展，利用数据挖掘和机器学习等技术可呈现学习者的数字画像，即基于动态的学习过程数据，分析、计算出每个学生的学习心理与外在行为表现特征，描绘出学习者画像，从而为每个学生的个性化学习以及教学管理提供个性化服务。

学生画像即对学生特征进行标签化处理，包括学生基本情况、考勤信息、借阅图书信息、网络信息、消费信息等，通过记录学生在校的日常行为数据，描绘出学生画像。学生画像是学校评价管理学生的重要依据，为学校提供了丰富数据，帮助教师快速了解学生状态。根据不同学生的“数字轨迹”，使管理服务细致入微。例如，根据学生借阅情况、消费情况、宿舍生活轨迹、社交分析等全面认识了解学生；根据学生行为动态，跟踪学习轨迹，把握学科知识理解程度，预测成绩排名趋势；根据学生在校消费水平、生活困难指数，通过数据分析洞悉真实贫困状况，找出隐性困难学生，提升贫困关怀。这些事情看似是小事，却关乎学生教学事务管理质量。

（二）人工智能在教学管理中的典型应用

1. 智能教学管理系统

科大讯飞作为教育技术服务的引领企业，借助人工智能、大数据、云计算等技术，在教学、考试、管理等教育环节全面布局。在教学管理方面，基于教学管理数据、教学行为数据，利用业务建模、数据可视化等技术，为教学管理决策提供数据支持，并提供模拟和模型预测等功能。

首先采集学校区域的教学、学习、考试、管理等数据；其次对数据进行存储、清洗、计算，生成用户画像，进行相关业务建模；再次利用数据可视化等技术对数据进行集成显示；最后根据数据分析系统提供的监控、预测和模拟等功能，辅助管理者进行教学管理。

2. 仿真决策

教育教学本身是复杂的，仅仅依靠经验很难平衡处理各种主体间相互作用的复杂关系。人工智能、大数据的发展使得人们可以建立对现实社会、现实教学系统的仿真模拟，模拟各种教学参数的演变，将关键参数从极小值变化到极大值，在这个过程中观察教学系统演变的结果，从而找出各方价值最大化的值，帮助做出科学决策。再与管理者的经验和知识相结合，教学决策将更加科学化和人性化。

例如，余胜泉团队利用决策仿真做了北京市教育地图，将北京市的各种教育数据叠加到地图上，通过地图数据对择校政策进行仿真分析。首先，建立学校教学质量与周边人口间的关系、学校间的关系，然后把各种教育政策嵌入系统，完成择校政策出台后的推演，包括分析择校热门学校、择校范围、可能出现的漏洞以及演化过程和博弈后的结果等，这样就可将隐藏在文本中的政策以可视化的方式呈现出来。借助决策仿真实现数据驱动、人机结合的教育教学决策，是未来教学管理研究的新方向。

3. 智能安保

安全管理是学校管理的重要环节。确保校园安全的前提是能够实时掌握学校动态、提前发现安全隐患，防患于未然。高效的人脸监控和比对系统将在非法人员识别、车辆智能化管理、活动事故预防等方面发挥重要作用。例如，南昌大学全方位加强校园安保基础建设，实现了校园可视化综合管理，有效保障了校园安全。

（1）陌生人识别

采用高效的人脸监控和比对系统，可以自动采集进入学校人员的面部信息，识别当前人员的真实身份。同时，保卫部门可以将小偷等嫌疑人的照片导入嫌疑人库，建立黑名单，当该嫌疑人再次出现时，便会立即触发实时报警，监控中心人员通过调取就近视频，实时抓捕。

（2）车辆智能化管理

通过在校园主干道上部署视频监控和测速装置，实时记录过往车辆信息，对有超速行为的车辆进行警告，保证校园车辆行驶的规范性。

（3）活动事故防范

当前，校园活动的伤害事故主要发生在追逐打闹、拥挤踩踏等方面。通过智能摄像机实时监控，由人工智能系统进行分析，判断是否有危险的事情发生，实现对危险区域范围的智能告警，并及时通报学校安防人员采取相关措施，将传统的事后发生处置机制提前到了事前预防。

参考文献

[1] 谢涛，崔舒宁，张伟，齐琪，陈龙，魏华编著．大学计算机技术、思维与人工智能 [M]. 北京：清华大学出版社， 2022.08.

[2] 董洁著．计算机信息安全与人工智能应用研究 [M]. 中国原子能出版传媒有限公司， 2022.03.

[3] 猿编程编．信息科技简史 从计算机到人工智能 [M]. 北京：人民邮电出版社， 2021.10.

[4] 谢中梅，孔外平，李琳主编．计算机应用与数据分析 人工智能 [M]. 北京：电子工业出版社， 2021.07.

[5] 高金锋，魏长宝主编．人工智能与计算机基础 [M]. 成都：电子科学技术大学出版社， 2020.09.

[6] 陈友福．计算机应用与数据分析 + 人工智能 [M]. 北京：电子工业出版社，2020.08.

[7] 孙锋申，丁元刚，曾际主编．人工智能与计算机教学研究 [M]. 长春：吉林人民出版社， 2020.06.

[8] 赵学军，武岳，刘振啥编著．计算机技术与人工智能基础 [M]. 北京：北京邮电大学出版社， 2020.05.

[9] 武岳，王振武，赵学军主编．计算机技术与人工智能基础实验教程 [M]. 北京：北京邮电大学出版社， 2020.05.

[10] 张攀峰．浅析计算机领域中的人工智能运用 [J]. 数码设计（上），2021（2）：7-8.

[11] 张贵莲编著．计算机与人工智能 [M]. 兰州：甘肃科学技术出版社，2018.02.

[12] 张伟．人工智能与计算机技术研究 [J]. 电脑爱好者（普及版）（电子刊），2021（3）：454.

[13] 王丽，权洁 . 计算机人工智能识别技术的应用策略 [J]. 计算机产品与流通，2022（1）：18-20.

[14] 郭佳 . 人工智能时代计算机的现状与发展趋势 [J]. 无线互联科技，2022（6）：36-37.

[15] 张蕾，李艳梅，周文科，崔娟娟 . 人工智能时代计算机专业人才的培养 [J]. 计算机时代，2022（4）：74-76.

[16] 陈运财 . 计算机人工智能识别技术的应用研究 [J]. 工程技术研究，2022（15）：158-160.

[17] 肖哲韬，齐帅，彭敏，刘建军 . 计算机与人工智能技术的发展与应用 [J]. 电子技术，2022（6）：144-145.

[18] 姚芳 . 人工智能应用与计算机网络技术分析 [J]. 安阳工学院学报，2022（6）：88-90，125.

[19] 赵虎 . 人工智能时代的计算机视觉

研究 [J]. 数字化用户，2022（18）：76-78.

[20] 沈智芳 . 计算机人工智能技术的应用及发展探讨 [J]. 信息技术时代，2022（4）：28-30.

[21] 张雨烟，包艳艳 . 人工智能下计算机技术的运用路径 [J]. 电脑知识与技术，2022（12）：56-57.

[22] 李徐梅 . 基于人工智能的计算机视觉技术研究 [J]. 信息与电脑（理论版），2022（5）：147-149.

[23] 蔡静颖 . 计算机人工智能技术的应用与发展 [J]. 产业创新研究，2022（14）：78-80.

[24] 张琳娜 . 计算机人工智能技术的发展与应用研究 [J]. 信息记录材料，2021（2）：115-116.

[25] 陈欣 . 基于人工智能的计算机网络技术分析 [J]. 科学与信息化，2021，（2）：41.

[26] 谢天乐 . 计算机网络技术对人工智能的应用 [J]. 探索科学（学术版），2021（8）.

[27] 林云兵 . 计算机信息技术中人工智能的应用 [J]. 数码设计（下），2021（4）：7.

[28] 王静娟 . 人工智能时代的计算机视觉探索 [J]. 科学中国人（下旬刊），

2021（1）.

[29] 马秀丽 . 基于人工智能的计算机网络技术 [J]. 数字技术与应用，2021（11）：37-39.

[30] 郑伟 . 计算机人工智能识别技术及其应用 [J]. 信息与电脑（理论版），2021（12）：169-171.

[31] 许安国 . 计算机人工智能技术的应用及发展 [J]. 无线互联科技，2021（5）：11-13.

[32] 梁敦毫 . 计算机人工智能识别技术应用分析 [J]. 长江信息通信，2021（7）：72-74.

[33] 王明宽 . 计算机网络技术中人工智能的应用 [J]. 中阿科技论坛（中英文），2021（4）：77-79.

[34] 刘英娜 . 计算机人工智能识别技术应用 [J]. 百科论坛电子杂志，2021（22）：1100-1101.

[35] 人工智能计算机语言发展路径探究 [J]. 汉字文化，2021（11）.

[36] 杨东慧 . 计算机人工智能技术的应用与发展 [J]. 数字技术与应用，2021（11）：109-111.

[37] 陈少迪 . 计算机人工智能识别技术的运用 [J]. 数码设计（下），2021（1）：8-9.

[38] 集世璞 . 人工智能与计算机网络的应用分析 [J]. 电子世界，2021（17）：108-109.

[39] 王艳然，杨鹏飞 . 人工智能背景下计算机技术的应用 [J]. 无线互联科技，2021（24）：80-81.

[40] 陈学莲 . 计算机人工智能技术应用分析和研究 [J]. 大众标准化，2021（18）：241-243.

[41] 任卫红 . 基于人工智能的计算机网络技术 [J].IT 经理世界，2021（2）：130.

[42] 熊勇 . 人工智能技术在计算机中的应用 [J]. 电脑爱好者（普及版），2021（1）：7-8.